KB093993

윤숙자 교수의 **신바람나는**
퓨전떡 100가지

윤숙자 지음

(주)백산출판사

아름다운 우리 떡의 새로운 방향을 모색하는 색다른 퓨전떡 만들기

떡은 아주 오래전부터 우리네 삶 속에서 기쁠 때나 슬플 때나 희·노·애·락(喜怒哀樂)을 함께해 왔다. 아이가 태어나서 장성하기까지… 혼인해서 자식을 키우고 회갑을 맞는 수연례까지… 죽어서 상례나 제례에서도 어김없이 떡은 상에 올랐다. 이러한 우리의 떡문화가 근대화의 물결 속에 서양에서 들어온 빵이나 케이크에 밀려 홀대받고 서양의 길로 들어섰던 30여 년 전 필자는 대학에서 학생들에게 전통음식을 가르치며 전통 떡의 우수함을 가르쳤다.

30여 년 전만 해도 아름다운 거리에는 빵이나 케이크를 파는 제과점은 많았으나 떡을 파는 가게는 없었다. 떡을 사려면 아주 어렵게 재래시장을 찾아가야만 하니 어렵고 속상한 일이었다.

떡은 구태여 방앗간에 가지 않고도 쌀가루와 재료를 넣고 불에 올려 20분 정도만 찌거나 익혀내면 된다. 이렇게 만들기도 쉽고 맛있는 떡을 그냥 가르치기만 하는 것이 안타까워 전통조리과 학생들과 최초로 떡 창업 동아리를 만들어 교내를 시작으로 활동하였다. 이후 왕이 다녔던 아름다운 돈화문로 거리에 우리나라 최초로 떡카페를 열고 한국전통음식연구소를 설립하여 떡 교육을 하였으며 떡박물관을 만들어, 찾아오는 많은 분들에게 아름다운 우리 떡을 한껏 보여주고 알렸다. 지금 전국적으로 많은 떡집이 생겼으며 아름다운 거리에는 떡카페도 많이 생겼다.

그러다가 드디어 2019년 10월에 "떡제조기능사" 국가고시 필기시험이 시행되었고 지난 12월에 실기시험을 마친 상태이다. 이번에 시험 본 사람들이 무려 2,900명이나 된다니 그동안 떡을 전문으로 하고자 하는 사람들이 얼마나 기다려왔고 목말라 했는지 능히 짐작할 수 있는 일이다. 늦은 감은 있으나 정말 잘된 일이다. 오랫동안 떡을 사랑하고 교육했던 사람으로서 마음이 놓이고 홀가분한 심정이다.

이 책은 바로 이런 변화를 반영해 그동안 교육 강단과 현장에서 연구하고 개발한 떡 100가지를 소개하였다. 전통 떡에 현대적인 감각의 옷을 입히기 위해 현대적인 식재료를 함께 사용하고, 전통 떡의 제조방식에 베이킹과 현대적인 조리법을 접목하여 맛과 모양에서 독특하고 창의적인 떡들을 개발하여 실었다. 제품별 레시피와 여러 장의 과정사진은 물론, 떡을 만들기 위한 다양한 실전팁과 정보를 함께 실어 녹자들의 이해를 도왔다. 가정에서 손쉽게 만들 수 있도록 자세히 설명하였으며, 우리 떡을 상품화하는 데도 좋은 아이디어 창고가 될 수 있도록 하였다.

끝으로 이 책이 나오기까지 수고해 주신 이명숙 원장님과 수많은 실험조리와 연구개발을 함께한 (사)한국전통음식연구소 연구원들, 출판에 기꺼이 나서주신 백산출판사 진욱상 대표님과 직원 여러분께도 고마움을 전하는 바이다.

2020년 1월에
(사)한국전통음식연구소 대표 윤 숙 자

윤숙자

(사)한국전통음식연구소 대표, 이학박사
(사)대한민국전통음식총연합회 회장
떡박물관 관장
돈화문갤러리 대표

주요 약력

배화여자대학교 전통조리학과 교수
숙명여자대학교 식품영양학과(석사)
단국대학교 식품영양학과(박사)
조리기능장 심사위원
대한민국 명장(조리부문) 심사위원
'88 서울 올림픽 급식전문위원
'97 무주, 전주 동계유니버시아드대회 급식전문위원
'98 제1회 경주 한국의 전통주와 떡 축제 추진위원
전국조리학과 교수협의회 회장
농림부 전통식품명인 심사위원
2000 ASEM 식음료 공급 자문위원회 위원
2005 APEC KOREA 정상회의 기념 궁중음식 특별전 개최
2007 UN본부 한국음식 축제
2007 남북 정상회담 만찬음식 총괄자문
2015 밀라노 엑스포 한식테마행사
2016 한식재단 이사장
2018 평창동계올림픽 식음료 전문위원
2019 한·아세안 특별정상회의 자문위원

주요 저서

『한국전통음식(우리맛)』『한국의 저장발효음식』『전통건강음료』『Korean Traditional Desserts』
『한국의 떡·한과·음청류』『우리의 부엌살림』『한국의 시절음식』『떡이 있는 풍경』『식료찬요』
외 고조리시 6권, 『장인들의 장맛, 손맛』『한국인의 일생의례와 의례음식』외 다수

윤숙자 교수의
신바람나는 퓨전떡 100가지

Contents

일러두기

재료의 계량은 조리의 편의를 위해 컵, 큰술 작은술 등의
부피 계량과 정확한 계량을 위해 저울을 사용한 g단위를
함께 표기하였습니다.

*계량단위

1컵 = 13큰술 + 1작은술 = 물 200㎖ = 물 200g

1큰술 = 3작은술 = 물 15㎖ = 물 15g

1작은술 = 물 5㎖ = 물 5g

Part 1

매일 먹어도 좋은 일품떡

Part 2

몸을 이롭게 하는 건강떡

Part 3

두고 먹어도 좋은 맛있는 떡

Part 4

신바람나는 솜씨 자랑 떡

Part 5

특별한 날 찾게 되는 별미떡

Part 6

출출할 때 먹는 별미 한끼 식사떡

부록

맛있는 떡 재료 준비하기

가루와 고물 만들기

1. 쌀가루 만들기

1. 쌀은 깨끗이 씻어 일어 물에 8~12시간 담가 불린다.
2. 충분히 불린 쌀은 체에 건져 30분 정도 물기를 뺀다.
3. 가루로 빻아 분량의 소금을 넣는다.
4. 쌀가루에 수분을 주고 체에 내린다.

tip
- 흑미나 현미, 율무 등은 보통의 쌀보다 불리는 시간을 더 길게 한다.
- 쌀가루에 넣는 소금은 입자가 굵으므로 체에 잘 내린다.

2. 수수가루 만들기

1. 수수는 깨끗이 씻어 일어 물에 8시간 정도 담가 불린다.
2. 불린 수수는 체에 건져 30분 정도 물기를 뺀다.
3. 가루로 빻아 분량의 소금을 넣는다.
4. 수수가루에 수분을 주고 체에 내린다.

tip
- 치즈도 동일하게 한다.

3. 붉은 팥고물 만들기

1. 붉은팥은 깨끗이 씻어 일어서 냄비에 팥과 물을 넣고 한 소끔 끓으면 물을 따라 버린다.
2. 다시 물을 부어 무르도록 삶는다.
3. 팥이 익으면 약한 불에서 뜸을 들여 물기를 없앤다.
4. 뜨거운 김을 날린 후 소금을 넣고, 대강 찧어 팥고물을 만든다.

4. 팥가루 만들기

1. 붉은팥은 깨끗이 씻어 일어서 물을 붓고 끓으면 물은 따라 버리고, 다시 물을 넉넉히 붓고 팥이 무르도록 푹 삶는다.
2. 삶은 팥은 체에 넣고 내려서 껍질은 버리고 팥물은 받아 놓는다.
3. 내려진 팥물을 고운 면주머니에 넣고 찬물에 여러 번 주물러 면주머니 속에 남은 앙금은 꼭 짠다.
4. 팬에 앙금을 넣고 약불에 볶아서 보슬보슬해지면 체에 내려 팥가루를 만든다.

시판 팥앙금을 이용한 팥가루 만들기

1. 팬에 팥앙금을 넣고 약불에 볶아서 수분을 날린다.
2. 팥앙금이 보슬보슬하게 볶아지면 한 김 식혀서 체에 내려 팥가루를 만든다.

5. 거피팥·녹두 고물 만들기

1. 거피팥은 물에 담가 8시간 정도 충분히 불려 제물에서 손으로 비벼 문질러서 껍질을 벗긴 뒤 물에 헹궈 일어서, 체에 밭쳐 물기를 뺀다.
2. 찜기에 면포를 깔고 거피팥을 넣어 40분 정도 찐다.
3. 찐 거피팥은 뜨거운 김을 날린 후 소금을 넣고, 방망이로 찧는다.
4. 찧은 거피팥을 체에 내린다.

6. 실깨 고물 만들기

1. 참깨는 1시간 정도 불려 비벼서 껍질을 벗긴다.
2. 물에 뜨는 껍질은 체로 떠서 버리고, 가라앉은 깨는 씻어 일어서 체에 밭쳐 물기를 뺀다.
3. 깨끗한 팬을 달구어 깨를 넣고 중불에서 타지 않게 볶고, 깨가 익어서 통통해지면 불을 끈다.
4. 실깨로 사용하기도 하며, 식으면 분쇄기에 넣고 갈아서 사용한다.

7. 흑임자 고물 만들기

1. 흑임자는 깨끗이 씻어 일어서, 체에 밭쳐 물기를 뺀다.
2. 팬을 달구어 흑임자를 넣고 중불에서 타지 않게 볶는다.
3. 볶은 깨는 식으면 분쇄기에 넣고 곱게 갈아 사용한다.

8. 잣가루 만들기

1. 잣은 고깔을 떼어낸 다음 젖은 면포로 깨끗이 닦는다.
2. 한지 위에 잣을 놓고 다시 한지로 덮은 다음 밀대로 밀어 기름을 뺀다.
3. 다시 종이를 바꾸어 깔고 칼날로 곱게 다진다.

tip • 치즈커터기를 사용하면 편리하다.

9. 석이버섯가루 만들기

1. 석이버섯은 미지근한 물에 1시간 정도 불린다.
2. 불린 석이버섯은 뒷면의 이끼를 깨끗이 비벼 씻고 가운데 돌기를 떼어낸다.
3. 손질한 석이버섯은 바싹 말려서 분마기에 곱게 빻아 체에 내려 가루로 만든다.

10. 밤고물 만들기

1. 밤은 깨끗이 씻어서 냄비에 밤과 물을 붓고 삶거나 찜기에 넣고 찐다.
2. 찐 밤은 따뜻할 때 ½로 잘라 과육만 발라내어 소금을 넣고 방망이로 찧어 체에 내린다.
3. 떡고물로 사용할 때는 팬에 넣고 살짝 볶아서 수분을 날린다. 밤을 소로 사용할 때는 체에 내린 과육에 꿀이나 설탕을 넣고 섞는다.

11. 빵가루 만들기

1. 카스텔라는 겉면의 갈색 부분은 저며내고, 노란 부분만 체에 내린다.
2. 팬에 체에 내린 카스텔라가루를 넣고 살짝 볶아서 보슬보슬하게 만든다.
3. 색을 낼 때는 볶은 카스텔라가루에 녹차가루, 딸기가루, 포도가루 등을 넣고 고루 비벼 색을 들인다.

tip
• 카스텔라는 믹서기에 넣고 갈기도 한다.

12. 콩가루 만들기

1. 콩은 깨끗이 씻어 일어서 체에 밭쳐 물기를 뺀다.
2. 팬에 콩을 넣고 중불에서 타지 않게 볶는다.
3. 분마기나 믹서에 콩을 넣고 살짝 갈아 콩 껍질을 벗겨낸 다음, 다시 분마기나 믹서에 넣고 곱게 빻아 체에 내린다.

13. 팥앙금 만들기

1. 붉은팥은 깨끗이 씻어 일어서 물을 붓고 끓으면 물은 따라 버리고, 다시 물을 넉넉히 붓고 팥이 무르도록 푹 삶는다.
2. 삶은 팥은 뜨거울 때 체에 내려 껍질은 버리고 팥물은 받아놓는다.
3. 고운 면주머니에 팥물을 붓고 찬물에 여러 번 주물러 헹군 다음 면주머니에 있는 앙금을 꼭 짠다.
4. 냄비에 팥앙금을 넣고 약불에서 꿀이나 설탕, 계핏가루, 소금 등을 함께 넣고 조린다.

대추고 만들기

1. 대추는 깨끗이 씻어서 냄비에 넣고 물을 부어 대추가 으깨어지도록 푹 끓인다.
2. 삶은 대추는 체에 넣고 주걱으로 으깨어 내려 대추물을 받아놓고 씨와 껍질은 버린다.
3. 냄비에 대추물을 넣고 설탕을 넣어 농도가 되직해질 때까지 조린다.

모카크림 만들기

1. 물에 모카(커피)가루를 넣고 풀어준 뒤 생크림에 넣고 섞는다.
2. 거품기로 저어 모카크림을 만든다.

와인시럽 만들기

재료 : 한천 1g(불린 것 10g), 포도주스 ½컵(100g), 백포도주 ¼컵(50g), 설탕 1큰술(12g), 소금 0.3g,
녹말물 10g(청포묵녹말 1작은술+물 ⅔큰술)

1. 냄비에 포도주스(또는 물)와 불린 한천을 넣고 센 불에 올려 한천이 녹을 때까지 끓인다.
2. 한천을 넣고 끓인 포도주스에 와인, 포도가루, 소금, 설탕을 넣고 중불로 낮추어 5분 정도 끓인다.
3. 끓인 와인시럽에 녹말물을 풀어 넣고 약불에서 저어가며 5~10분 정도 더 끓여 와인시럽을 만든다.

tip • 한천 대신 기루흰친을 사용하기도 한다.

2 떡에 맛과 모양을 입히는 재료

곡류

쌀눈 : 쌀의 영양분 중 66%를 차지하는 부분. 대형마트나 인터넷쇼핑몰에서 구입이 가능하다.

과일 및 건과류

복분자 : 믹서기에 갈아서 체에 내려 쌀가루에 색을 들이거나, 과육 전체를 장식용으로 쓴다.

앵두 : 초여름에 과일로 즙을 내어 이용하거나 설탕을 넣고 조려서 장식용으로 이용한다.

건살구 : 잘게 썰어 설기떡에 넣어 사용하거나 모양틀로 찍어 장식용으로 사용한다.

건키위 : 키위를 얇게 썰어 설탕을 뿌려 정과를 만들거나, 식품건조기를 이용하여 말려서 사용할 수 있다.

건파인애플 : 말린 과일들을 잘게 썰어 설기떡을 만들 때 함께 사용한다.

건포도 : 백설기 종류의 설기떡이나 단자의 속 또는 장식용으로 사용하면 좋다.

곶감 : 잘게 썰어 설기떡에 넣거나, 껍질 벗긴 호두를 말아 곶감말이를 하여 장식용으로 사용한다.

크랜베리 : 건포도처럼 쌀가루와 섞거나 장식용으로 사용한다.

건무화과 : 무화과를 말린 것으로 럼주나 포도주에 불려서 사용하면 맛이 더 좋다.

쌀눈	복분자	앵두	건살구	건키위
건파인애플	건포도	곶감	크랜베리	건무화과

채소류

뽕잎 : 쌀가루에 여린 생잎을 넣어 함께 빻거나 그늘에 말려 가루로 만들어 섞어서 사용한다.

연근 : 껍질 벗겨 얇게 썬 뒤 색을 들여 정과를 만들어 장식용으로 사용한다.

적양파 : 매운맛과 냄새가 적어 생으로 먹거나 정과를 만들어 장식에 이용한다.

당근 : 믹서기에 갈아 즙을 내어 사용하거나 설탕물에 조려서 장식용으로 써도 좋다.

고구마 · 적고구마 : 쪄서 쌀가루와 함께 섞거나 껍질째로 설탕물에 조려서 장식용으로 써도 좋다.

적채즙 · 적채 : 보라색을 내는 재료로 믹서에 물과 함께 갈아 면포에 걸러 사용한다.

비트즙 · 비트 : 비트는 붉은색을 낼 때 사용할 수 있으며 강판에 갈아 면포에 걸러 사용하면 된다.

뽕잎　　연근　　적양파　　당근　　고구마

적고구마　　적채즙　　적채　　비트즙　　비트

두류 및 콩제품

완두콩 : 갈아서 쌀가루에 섞어 설기떡을 찔 때 사용한다. 완두콩은 불 위에 오래 두면 색이 누렇게 변하므로 센 불에서 빨리 조리한다.

완두배기 : 완두콩을 당절임한 것으로 쇠머리찰떡이나 찰떡파이 등에 넣는다.

연두부 : 일반두부와 순두부의 중간형태로 쌀가루와 섞으면 부드럽고 고소한 맛이 난다.

강낭콩 : 삶아서 빻아 체에 내려 사용한다.

거피팥 : 회색팥의 껍질을 벗겨서 사용한다.

완두콩　　완두배기　　연두부　　강낭콩　　거피팥

견과류

밤 : 겉껍질과 속껍질을 벗긴 후 채썰거나 저며썰어서 모양내어 고명으로 사용한다.

대추 : 젖은 면포로 닦은 후 살만 돌려깎아 썰어서 모양내어 고명으로 사용한다.

잣 : 고깔을 떼어내고 면포로 닦은 후 통잣을 그대로 사용하거나 길이로 반을 갈라 비늘잣을 사용한다.
　　　또는 가루로 만들어 사용한다.

호두 : 떫은맛을 내는 속껍질을 벗겨 사용하나 많은 양을 사용할 때는 끓는 물에 살짝 데쳐 사용한다. 설탕
　　　시럽에 조려서 사용하기도 한다.

호박씨 : 떡 장식용으로 많이 쓴다. 반을 갈라 비늘모양으로 장식하기도 하고 다져서 사용하기도 한다.

해바라기씨 : 통으로 사용하거나 다져서 사용한다.

아몬드 : 잘게 다지거나 통으로 쌀가루와 섞어서 사용한다.

아몬드 슬라이스 : 떡케이크의 고명이나 장식용으로 사용한다.

아몬드가루 : 쌀가루와 함께 섞어 찌거나 고물로 묻혀 사용한다.

캐슈넛 : 땅콩보다 부드러운 식감으로 땅콩 대용으로 사용해도 좋다.

헤이즐넛 : 다지거나 저며서 쌀가루에 섞어 사용한다. 아몬드가루 대용으로 쓸 수 있다.

피칸 : 호두보다 쓴맛이 덜하여 호두 대용으로 사용할 수 있다.

백앙금 : 떡의 소나 양갱을 만들 때 사용한다.

완두앙금 : 떡의 소나 양갱을 만들 때 사용한다.

적앙금 : 떡의 소로 사용하거나, 팬에 볶아 수분을 날린 후 고물로 사용한다.

| 밤 | 대추 | 잣 | 호두 | 호박씨 |

| 해바라기씨 | 아몬드 | 아몬드 슬라이스 | 아몬드가루 | 캐슈넛 |

| 헤이즐넛 | 피칸 | 백앙금 | 완두앙금 | 적앙금 |

유제품

치즈 : 슬라이스치즈나 치즈가루를 사용한다.

휘핑크림 : 다른 부재료와 함께 거품을 내어 장식용 크림으로 사용한다.

요구르트 : 우유에 발효균을 넣어 만든 것으로 시중의 플레인 요구르트를 사용하면 된다.

우유 : 쌀가루에 물 대신 넣어 사용한다. 보통 쿠키를 만들 때나 오븐에 굽는 떡을 만들 때 넣는다.

연유 : 달콤한 맛의 우유향이 나서 떡과 과자에 다양하게 이용된다.

롤치즈 : 모차렐라 치즈와 비슷하나 짠맛이 강하고 고소한 맛이 있다.

버터 : 풍미를 높여주고 고소한 맛을 낸다. 쌀가루로 쿠키를 만들 때 사용한다.

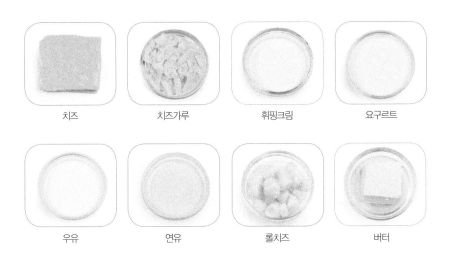

치즈　　　　치즈가루　　　　휘핑크림　　　　요구르트

우유　　　　연유　　　　롤치즈　　　　버터

응고제·팽창제류

한천 : 양갱이나 과편을 만들 때 사용하며 물에 불려 사용한다.

한천가루 : 한천 대용으로 쓰며 한천가루는 잘 엉기니 물에 풀어 사용하면 좋다.

젤라틴가루 : 떡케이크 위에 올리는 무스를 만들 때나 젤리를 만들 때 사용한다. 판 젤라틴을 사용하기도 한다.

베이킹파우더 : 오븐으로 굽는 떡을 만들 때 소량 사용한다.

한천　　　　한천가루　　　　젤라틴가루　　　　베이킹파우더

기타

커피빈 : 커피원두 모양으로 생긴 초콜릿으로 떡 장식용으로 사용한다.

초코칩 : 단자의 소재료로 사용하거나 떡 장식용 고명으로 사용한다.

크런치 : 바삭한 쿠키의 질감으로 떡케이크를 장식할 때 사용한다.

초콜릿 : 중탕하여 떡케이크 장식용으로 쓴다.

파워에이드 : 시중에서 파는 음료수를 사용하고 진한 색을 원하면 조려서 사용한다.

카스텔라 : 윗면과 아래쪽의 갈색 부분을 떼어내고 강판이나 분쇄기에 갈아서 사용한다.

코코넛가루 : 떡의 고물로 사용한다.

감가루 : 감의 껍질을 벗기고 씨를 빼낸 뒤 얇게 저며 바싹 말린 다음 분쇄기에 빻아 체에 내려 사용한다.

생강녹말가루 : 생강에 향을 내기 위해 사용한다.

동부녹말가루 : 떡 위에 올릴 시럽을 만들 때 사용한다.

할라피뇨 : 서양음식에 곁들여 먹는 피클고추로 매콤한 맛을 낼 때 주로 사용한다.

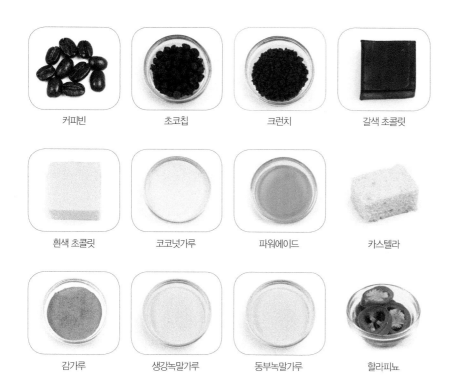

| 커피빈 | 초코칩 | 크런치 | 갈색 초콜릿 |

| 흰색 초콜릿 | 코코넛가루 | 파워에이드 | 카스텔라 |

| 감가루 | 생강녹말가루 | 동부녹말가루 | 할라피뇨 |

떡에 색을 입히는 천연재료

●●● 붉은색

 오미자즙 · 오미자 : 물과 오미자를 동량으로 넣어, 하룻밤 우려낸 뒤 꼭 짜서 사용한다.

 딸기가루 : 건조딸기가루나 딸기주스가루를 물에 풀어 사용한다. 가루를 그냥 사용할 경우 색이 얼룩질 수 있다.

 비트즙 · 비트 : 비트의 껍질을 벗긴 다음 강판에 갈아 면포로 꼭 짜서 사용한다.

 백년초가루 : 선인장 열매로서 믹서에 갈아서 즙만 꼭 짜서 이용하거나, 얇게 썰어 말린 다음 곱게 갈아 이용한다. 백년초가루는 열에 약하므로 쌀가루를 익힌 후 색을 들이면 예쁘다.

●●● 보라색

 자색고구마가루 : 자색고구마를 쪄서 체에 내려 쌀가루와 섞어서 사용한다. 시중에 나온 요리용 자색고구마가루를 사용하기도 한다.

 흑미가루 : 흑미는 물에 불려 빻아 체에 내려 멥쌀이나 찹쌀가루에 섞어서 사용한다. 보라색을 만들 때 이용한다. 많이 사용하면 검은색이 된다.

 블루베리잼 : 블루베리는 당침된 것을 사용하거나 생과일의 즙을 짜서 사용하고 잼은 설기떡 사이에 켜로 넣기도 한다.

 포도가루 : 시중에서 파는 포도주스가루를 이용하고, 물에 녹여 사용하면 색이 더 잘 든다.

●●● 녹색

 쑥 · 쑥가루 : 봄에 나는 생쑥을 소금물에 살짝 데쳐 사용한다. 쑥을 그늘에서 건조시켜 절구에 빻아 체에 내려 가루로 만든다.

 승검초가루 : 승검초는 한방에서 쓰는 당귀잎이다. 당귀잎을 말려서 분쇄기에 곱게 갈아 체에 내려 가루로 만든다.

 파래가루 : 파래를 소금물에 살짝 데친 다음, 그늘에서 건조시켜 믹서에 갈아 체에 내린다.

 녹차가루 : 녹차잎을 그늘에서 말려 빻아 가루로 만든다. 시중에 나온 요리용 녹차가루를 사용하기도 한다.

단호박 · 호박과육(가루) : 단호박은 4등분 하여 씨를 긁어내고 김 오른 찜통에 쪄낸 다음, 노란 과육만 긁어 체에 내려 사용한다.

뽕잎가루 : 누에의 먹이로 쓰이는 뽕잎은 그늘에 말려서 분쇄기에 곱게 갈아 체에 내린다.

치자물 : 치자는 깨끗이 씻어 반으로 쪼개어 미지근한 물에 담가 노란색의 물을 우려낸다. 치자는 햇치자보다 묵은 치자가 색이 더 곱다.

연잎가루 : 연잎을 그늘에 말려서 분쇄기에 곱게 갈아 체에 내린다.

강황가루 : 특유의 향이 있어 작은 양만 사용한다. 설기떡보다는 절편에 사용하면 예쁜 노란색을 낼 수 있다.

보리새싹가루 : 보리싹의 어린잎인 보리새싹을 말려 갈아서 만든다.

생강가루 : 깨끗이 손질한 생강을 말려 커터기에 갈아서 만든다. 생강가루는 향이 강하니 조금만 사용한다.

푸른콩가루 : 청태(푸른콩)를 쪄서 볶아 갈아 만든 가루이다.

송홧가루 : 소나무꽃가루로 물이 담긴 그릇에 넣고 물 위에 뜨는 가루만을 주걱으로 걷어 한지를 깔고 말려서 사용한다. 주로 다식을 만들 때 사용한다.

●●● 갈색

계핏가루 : 말린 계피를 곱게 갈아 사용한다. 계피향이 싫다면 코코아가루나 커피가루를 사용해도 된다.

노란콩가루 : 노란콩은 깨끗이 씻어 일어서 체에 밭쳐 물기를 빼고 팬에 타지 않게 볶아 분쇄기에 곱게 빻아 체에 내려 사용한다. 인절미와 경단의 고물로 사용하거나, 다식을 만들 때 사용한다.

코코아가루 : 아이들이 먹을 떡을 만들 때는 코코아가루를 쌀가루와 섞어서 사용한다.

커피가루(또는 원액) : 어른들이 먹을 떡을 만들 때는 향이 좋은 헤이즐넛 커피가루 또는 에스프레소 원액을 쌀가루와 섞어 만든다.

4 떡 예쁘게 장식하기

대추고명
젖은 면포로 닦고 살만 돌려깎아 밀대로 밀어 편 후 돌돌 말아 꽃모양을 내거나 채썰어 고명으로 사용하거나 다양한 몰드로 꽃모양을 만들어 고명으로 사용한다.

밤고명
겉껍질과 속껍질을 벗긴 후 채썰어 고명으로 사용하거나 저며썰어서 다양한 몰드로 꽃모양을 내어 고명으로 사용한다.

석이고명
불려 씻은 석이버섯은 채썰어 고명으로 사용하거나 바싹 말려서 가루로 만들어 떡에 넣는다.

잣고명
면포로 닦은 후 고깔을 떼고 통잣 그대로 사용하거나, 길이로 반을 갈라 비늘잣으로 사용한다. 또는 한지를 깔고 덮어 밀대로 밀어 칼날로 다져서 가루를 만든다.

행인고명
살구 속씨를 데쳐서 설탕과 분홍색 내는 재료를 넣고 살짝 조려 떡 위에 장식한다.

호박씨고명
젖은 면포로 닦은 후 통으로 사용하거나 반으로 갈라 고명으로 사용하거나, 다져서 쌀가루에 섞어 사용하기도 한다.

호두고명

따뜻한 물에 담가 불린 후 꼬치로 속껍질을 벗겨 사용한다. 굵게 다져서 쌀가루에 섞어 사용하기도 하고, 설탕시럽에 조려서 떡이나 한과에 사용하기도 한다.

떡고명

멥쌀가루에 덩어리가 지도록 수분을 주어 찜통에 찐 다음 딸기가루, 녹차가루 등의 천연 색소를 넣고 반죽하여 색을 들인다. 색을 들인 반죽은 밀대로 밀어 펴서 동그란 몰드로 찍어 겹친 다음 돌돌 말아서 장미꽃을 만든다. 그 밖에 손으로 다양한 모양을 빚어 예쁜 떡고명을 만들어 사용한다.

정과 고명

떡과 한과의 고명으로는 박고지정과가 일반적으로 많이 사용되는데 박고지를 충분히 불린 다음, 설탕물에 넣고 중불에 끓여서 투명해지면 마지막에 꿀을 넣고 살짝 조려 체에 건져서 남은 엿물을 뺀다. 돌돌 말아서 꽃모양을 내거나 몰드로 찍어서 다양한 고명을 만들어 사용한다. 그 밖에 무정과, 도라지정과, 수삼정과, 한약재정과를 이용하기도 한다.

호화전분 고명

호화전분에 색을 넣고 골고루 섞은 다음 반죽하여 밀대로 밀어 여러 가지 꽃을 만들 수도 있다. 호화전분은 빨리 굳으므로 비닐을 덮어 사용한다. 만든 꽃은 상온에서 보관 가능하며 균열되지 않는다. 떡 위에 올리면 아름답다.

5 떡을 맛있게 하는 수분 기본 공식

초보자들이 떡을 만들 때 가장 어려워하는 것이 쌀가루에 어느 정도 수분을 주고, 소금 간은 어느 정도 해야 하는가이다. 따라서 본 장에서는 떡을 맛있게 만들기 위한 비법 전수를 위해 수분량과 소금, 설탕량을 제시하였다.

1. 떡에 수분 주기

쌀가루로 떡을 만들 때 가장 중요한 것 중의 하나가 수분 주기이다. 쌀가루는 집에서 쌀을 직접 불려서 방앗간에 가서 빻는 경우와 방앗간에서 빻아 놓은 쌀가루를 구입하는 경우, 시판되는 건조 쌀가루를 구입하는 경우 등 다양하다. 따라서 쌀의 수분 보유상태에 따라 수분량이 달라지는데, 일반적으로 수분을 주고 체에 내린 다음 손으로 살짝 쥐어 손바닥 위에서 흔들었을 때 쉽게 부서지지 않을 정도이면 수분 주기가 잘된 것이다. 단, 찹쌀가루의 경우 멥쌀가루보다 수분을 조금 덜 주어야 떡이 질어지지 않는다.

2. 수분 공식

	멥쌀떡	찹쌀떡
찌는 떡 (백설기, 찰시루떡)	멥쌀가루 300g(3컵), 소금 3g(¾작은술), 물 45g(3큰술), 설탕 36g(3큰술)	찹쌀가루 300g(3컵), 소금 3g(¾작은술), 물 30g(2큰술), 설탕 30g(2½큰술)
치는 떡 (절편, 인절미)	멥쌀가루 300g(3컵), 소금 3g(¾작은술), 물 90~100g(½컵 정도)	찹쌀가루 300g(3컵), 소금 3g(¾작은술), 물 30~45g(2~3큰술)
지지는 떡 (화전)		찹쌀가루 300g(3컵), 소금 3g(¾작은술), 끓는 물 60~70g(4~4⅔큰술)
빚는 떡 (송편)	멥쌀가루 300g, 소금 3g(¾작은술), 끓는 물 120~135g(6~7큰술)	
삶는 떡 (경단)		찹쌀가루 300g(3컵), 소금 3g(¾작은술), 끓는 물 60~70g(4~4⅔큰술)

> **tip** 대체로 쌀가루 100g을 기준으로 할 때 소금은 1g, 설탕은 12g이며 수분량은 15g으로 계산하면 된다.
> 단, 쌀가루의 상태와 종류, 부재료의 종류 등에 따라 소금과 설딩의 앙과 수분랑이 달리지므로 참고한다.

(사)한국전통음식연구소 윤숙자 교수가
색다르게 디자인한 **아름다운 퓨전떡**

Part. 1

매일 먹어도 좋은
일품떡

꿀배설기 • 보라고구마찰떡 • 둥근뽕잎절편 • 과일찹쌀떡

김치반달떡 • 초록말이떡 • 그라데이션딸기설기 • 금강초롱떡

솔빛미강떡케이크 • 반달꽃떡 • 금빛설기떡 • 대추인절미

난초병(餅) • 블루베리떡케이크 • 딤채병(餅) • 송화크림흑미케이크

매일 먹어도 좋은 일품떡

꿀배설기

재료 및 분량

멥쌀가루 5컵(500g), 소금 ½큰술(6g)
배 1개(배즙 ⅓컵)
흑설탕 40g , 호두분태 30g

조리도구

26㎝ 찜기, 떡도장, 원형 떡틀

Cooking Tip

• 호두분태 대신 땅콩분태를 사용해도
  좋다.
• 쌀가루 위에 흑설탕과 호두분태를 뿌릴
  때 둘레를 먼저 뿌리고 가운데를 채워
  야 완성된 떡의 둘레가 선명하다.

1 멥쌀가루 체에 내리기
멥쌀가루에 소금을 넣고 체에 내린다.

2 배즙 만들기
배는 껍질을 벗기고 갈아서 면포로
꼭 짜서 배즙을 만든다.

3 쌀가루에 배즙 넣기
쌀가루에 배즙을 넣고 고루 비벼 섞어
체에 내린다.

4 부재료 준비하기
흑설탕과 호두분태를 섞어 부재료를
준비한다.

5 찜기에 쌀가루 채우기
찜기에 젖은 면포를 깔고 원형틀을
올린 다음 쌀가루 ½을 넣고, 부재료를
고루 뿌린 다음 나머지 쌀가루를 얹어
평평하게 한다.

6 떡 찌기
칼금을 내고, 떡살로 문양을 찍은 다음,
김이 오른 찜기에 올려 20분 정도 찐다.

매일 먹어도 좋은 일품떡

보라고구마찰떡

재료 및 분량

찹쌀가루 3컵(300g), 소금 ¼큰술(3g)
물 2큰술(30g)
자색고구마가루 30g, 설탕 2½큰술(30g)

밤 조리기
밤 60g(4개), 물 4큰술(60g)
설탕 4큰술(60g)
치자물 1작은술(치자 1개+물 1큰술)
식용유 ½큰술(6.5g)

조리도구

26cm 찜기, 구름떡 틀

Cooking Tip

• 냉동보관하는 떡은 공기가 들어가지
않도록 랩을 여러 번 싸서 보관한다.
• 생밤을 보관할 때 밤의 껍질을 벗겨
적당한 크기로 썰어 냉동 저장하고,
냉동상태에서 사용해야 좋다.

1 찹쌀가루에 자색고구마가루 섞기
찹쌀가루에 소금과 물, 자색고구마가루
를 넣고 고루 비벼 섞어서 체에 내린 다음
설탕을 넣고 고루 섞는다.

2 밤 손질 · 조리기
밤은 겉껍질과 속껍질을 벗긴 후 물과
설탕, 치자물을 넣고 조린다.

3 떡 찌기
찜통에 물을 붓고 센 불에 올려 끓으면
찜기에 젖은 면포를 깔고 쌀가루와
통밤을 넣고 15~20분 정도 찐다.

4 찰떡 틀에 넣기
떡반죽은 뜨거울 때 가볍게 치댄다.
떡틀에 랩을 깔고 식용유를 고루 바른
후 찐 떡을 넣고 평평하게 한 다음,
랩으로 싸서 냉동실에 넣는다.

5 찰떡 썰기
1~2시간 정도 지나 떡이 살짝 얼면
꺼내어 2cm 정도의 폭으로 썬다.

6 문양내기
밤의 단면이 보일 수 있게 길이로 한 번
더 썬다.

빵인 절편 위에 여러 가지
건과일을 올린 떡

매일 먹어도 좋은 일품떡

둥근뽕잎절편

재료 및 분량

멥쌀가루 1½컵(150g), 찹쌀가루 ½컵(50g)
소금 ½작은술(2g), 물 2큰술(30g)

고명
밤 2개(30g), 대추 2개(8g), 잣 ½큰술(5g)
호두 5g, 호박씨 5g, 유자청 건지 30g
건키위 5g, 건파파야 5g

색
뽕잎가루 2g

조리도구

26cm 찜기, 4cm 물결 원형틀

Cooking Tip

• 떡의 두께는 기호에 따라 두껍게 할
  수도 있다.
• 떡 위의 고명은 생괴일을 올려도 좋다.

1 쌀가루 체에 내리기
멥쌀가루와 찹쌀가루에 소금, 물을 넣
고 고루 비벼 섞어서 체에 내린다.

2 떡 찌기
찜통에 물을 붓고 센 불에 올려 끓으면
찜기에 젖은 면포를 깔고 쌀가루를 넣어
15분 정도 찐다.

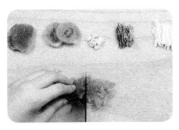

3 고명 손질하기
밤은 껍질을 벗기고 0.1cm 정도로 채
썰고, 대추는 젖은 면포로 닦고 돌려깎아
서 밤과 같은 크기로 채썬다. 잣은 고
깔을 떼어 면포로 닦고, 호두는 0.5cm 크
기로 썰고 유자청 건지는 폭 0.5cm
정도로 썬다. 건키위와 건파파야는
0.5cm 크기로 썬다.

4 떡반죽 색 들이기
찐 떡은 뜨거울 때 끈기가 생기도록
치대어 떡반죽을 만들고 2등분하여
½ 양에는 뽕잎가루를 넣고 치대어 반죽
을 만든다.

5 떡모양 만들기
각각의 떡반죽은 밀대로 두께 0.5cm
정도로 밀어 펴서 둥근 모양틀로
찍는다.

6 고명 올리기
떡반죽 위에 손질한 각종 견과류와
열대 건괴일 등의 떡고명을 올려 장식
한다.

매일 먹어도 좋은 일품떡

과일찹쌀떡

재료 및 분량

찹쌀가루 5컵(500g), 소금 ½큰술(6g)
물 ⅓컵(50g)
설탕 ⅓컵, 달걀 흰자 ½개, 녹말가루 ½컵

소
계절과일(키위, 딸기, 바나나 외)
팥앙금 200g

조리도구

냄비, 방망이

Cooking Tip

• 삶은 떡에 달걀 흰자를 넣을 때는 뜨거운
  김이 한 김 나간 뒤에 넣어야 달걀 흰자
  가 잘 섞인다.
• 계절과일은 키위, 딸기, 바나나 외에도
  나양한 제철과일을 사용할 수 있다.

1 찹쌀가루 익반죽하기
찹쌀가루에 소금을 넣고 끓는 물을 부어
익반죽하고, 도넛모양으로 구멍떡을
만든다.

2 떡반죽 삶기
끓는 물에 구멍떡을 넣고 삶는다.

3 삶은 떡 건지기
떡이 둥둥 떠오르면 30초 정도 더 두었
다가 익으면 건진다.

4 떡반죽 치기
삶은 떡에 달걀 흰자, 설탕을 넣고 꽈리
가 일도록 친다.

5 소 만들기
계절과일은 적당한 크기로 자르고,
팥앙금으로 감싼다.

6 찹쌀떡 민들기
과일을 감싼 팥앙금을 떡반죽으로 다시
감싸서 동글게 모양을 만들어 녹말가루
를 묻힌다.

홍고추즙을 넣어 색을
내고 양념한 김치 소를
넣은 떡

매일 먹어도 좋은 일품떡

김치반달떡

재료 및 분량

멥쌀가루 2컵(200g), 소금 ½작은술(2g)
홍고추 2개(40g), 물 ¼컵(50g)

소
김치 100g, 숙주 50g, 새우살 50g
식용유 ½작은술(2g)

소 양념
다진 파 1작은술(4.5g)
다진 마늘 ½작은술(2.3g)
깨소금 1작은술(2g), 참기름 1작은술(4g)
식용유 1작은술(4g)

장식용 떡고명
꽃절편

조리도구

26cm 찜기, 30cm 프라이팬, 둥근 모양틀

Cooking Tip

• 떡만두피를 8등분하여 하나씩 둥글게
  밀어도 좋다.
• 만두소를 볶지 않고 만두를 빚을 수도
  있다.

1 멥쌀가루에 홍고추물 섞기
홍고추는 씻어서 길이로 반을 잘라
씨와 속을 떼어내고, 썰어서 믹서에 물
과 함께 넣고 곱게 간다. 멥쌀가루에 소
금과 홍고추 간 물을 넣고 고루 비벼
섞는다.

2 채소 손질하기
배추김치는 속을 털어내고 폭 0.5cm
정도로 썰어서 물기를 짠다. 숙주는 다듬
어 씻고, 새우살은 씻어서 곱게 다진다.
냄비에 물을 붓고 센 불에 올려 끓으
면 소금과 숙주를 넣고 2분 정도 데쳐
0.5cm 정도의 길이로 썬 뒤 물기를 짠다.

3 소 만들기
다진 배추김치와 숙주, 새우살을 한데
넣고 섞어서 소 양념을 넣고 양념한다.
팬을 달구어 식용유를 두르고, 소 재료
를 넣고 중불에서 2분 정도 볶은 뒤 식
힌다.

4 떡 찌기
찜통에 물을 붓고 센 불에 올려 끓으
면, 찜기에 젖은 면포를 깔고 고추물을 들
인 쌀가루를 넣어 15분 정도 찐다. 찐 떡
이 뜨거울 때 끈기가 생기도록 치댄 뒤
두께 0.5cm 정도로 밀대로 밀어 직경
7cm 정도의 둥근 틀로 찍는다.

5 떡 만들기
만들어놓은 떡반죽 가운데 소를 13g
정도씩 넣고 반으로 접는다.

6 떡 주름 집기
김치떡이 떨어지지 않게 둘레를 잘 붙여
주름을 잡고 기름을 바른 후 꽃절편으로
꽃모양을 만들어 떡 위에 장식한다.

성인병에 좋은 뽕잎가루를
넣어 만든 말이떡

매일 먹어도 좋은 일품떡
초록말이떡

재료 및 분량

찹쌀가루 2⅔컵(270g), 멥쌀가루 5큰술(30g)
소금 ¼큰술(3g)
우유 2큰술(30g), 연유 ¼큰술(5g)
설탕 2½큰술(30g)
뽕잎가루 3g

소
흰 앙금 100g, 유자청 건지 20g

장식용 떡고명
꽃절편

조리도구

26cm 찜기, 구름떡 틀

• 나이테 같은 무늬를 낼 때 손으로 잡아
  당기는 것보다 손바닥으로 전체를
  눌러 펴는 것이 무늬가 아름답다.

1 쌀가루 섞기
찹쌀가루에 멥쌀가루와 소금, 우유, 연유
를 넣고 고루 비벼 섞어서 체에 내린 다
음 설탕을 넣고 고루 섞는다.

2 소 만들기
흰팥앙금에 유자청 건지를 곱게 다져 섞
어서 두께 1~1.5cm, 길이 4cm 정도로 길
게 소를 만든다.

3 떡 찌기
찜통에 물을 붓고 센 불에 올려 끓으면
찜기에 젖은 면포를 깔고 찹쌀가루를 넣
고 15분 정도 찐다.

4 색 들이기
찐 떡은 뜨거울 때 방망이로 꽈리가
생기도록 치대어 떡반죽을 만들고,
2등분하여 ½ 양에는 뽕잎가루를 넣고
반죽하여 색을 들인다.

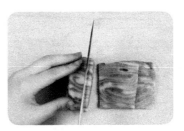

5 떡문양 만들기
떡반죽은 각각 두께 0.5cm 정도로 밀대
로 밀어 두 가지 색을 여러 번 겹친 다음
떡틀에 비닐을 깔고, 찰떡을 놓고 다시
랩으로 2~3번 싸서 냉동실에 넣어 1~2
시간 정도 지나면 폭 5cm, 길이 4cm, 두께
1cm 정도로 썬다.

6 소 넣어 완성하기
썰어놓은 떡 가운데 빚어놓은 소를 놓고
둥글게 말아서 꽃절편으로 꽃모양을 만
들어 떡 위에 장식힌다.

매일 먹어도 좋은 일품떡

그라데이션딸기설기

재료 및 분량

멥쌀가루 4½컵(450g), 소금 ½큰술(6g)
① 멥쌀가루 1½컵(150g)
   딸기가루 3큰술(18g)
   설탕 1큰술(12g)
② 멥쌀가루 1½컵(150g)
   딸기가루 1큰술(6g)
   설탕 1큰술(12g)
③ 멥쌀가루 1½컵(150g), 설탕 1큰술(12g)

장식

딸기칩 2큰술(12g)

조리도구

26cm 찜기, 사각떡틀

Cooking Tip

• 색을 내는 딸기가루는 동결건조한 딸기가루를 사용한다.
• 떡 위에 장식할 때 딸기칩 대신 딸기 정과를 올려도 좋다.

1 멥쌀가루 체에 내리기
멥쌀가루에 소금을 넣고 고루 비벼 섞어서 체에 내린다.

2 멥쌀가루 등분하기
체에 내린 쌀가루는 1½컵씩 3등분한다.

3 멥쌀가루에 딸기가루 섞기
3등분한 쌀가루 ①에 분량의 딸기가루를 넣어 색을 내고, ②에 분량의 딸기가루를 넣어 색을 낸다. ③에는 색을 내지 않고 각각의 쌀가루에 물로 수분을 준 다음 고루 비벼 체에 내린다.

4 쌀가루에 설탕 섞기
수분을 준 쌀가루에 각각 설탕을 넣고 훌훌 섞는다.

5 떡틀에 쌀가루 채우기
찜기에 젖은 면포를 깔고 사각틀을 올린 다음 ①-②-③ 순으로 쌀가루를 채워 넣는다.

6 칼집 내어 찌기
9등분으로 칼집을 넣은 다음 찜통에 올려서 김이 오르면 20분간 찐 다음 딸기칩을 올린다.

매일 먹어도 좋은 일품떡
금강초롱떡

재료 및 분량

멥쌀가루 1½컵(150g), 찹쌀가루 ½컵(50g)
소금 ½작은술(2g), 물 4큰술(60g)

색

딸기가루 1g, 연잎가루 1g
치자물 1작은술(치자 1개+물 ⅔큰술)
코코아가루 0.2g
포도가루 1g

장식용 떡고명

꽃절편

식용유 ½큰술(6.5g)

조리도구

26㎝ 찜기, 떡살

• 색을 들일 때 너무 진하지 않게 한다.
• 떡의 길이를 길게 해도 좋다.

1 쌀가루 체에 내리기
멥쌀가루와 찹쌀가루에 소금을 넣고
고루 비벼 섞어서 체에 내린 다음
물을 넣고 섞는다.

2 떡 찌기
찜통에 물을 붓고 센 불에 올려 끓으
면 찜기에 젖은 면포를 깔고 준비한
쌀가루를 넣고 15분 정도 찐다.

3 떡 색 들이기
떡반죽은 뜨거울 때 끈기가 나도록
치댄 뒤 5등분하여 흰색을 포함하
여 오색을 만들고, 색떡반죽을 조금
씩 떼어 장식용 떡고명을 만든다.

4 떡 모양내기
색을 들인 떡반죽은 밀대로 1cm
두께로 밀어 펴서 흰색 떡반죽이 1cm
정도 겹치도록 붙여 다시 밀대로
민다.

5 문양내기
떡반죽 위를 떡살로 눌러 문양을
낸다.

6 고명 올리기
떡에 꽃모양의 고명을 붙여서 장식
한다.

쌀눈과 보리새싹가루를
넣어 만든 건강떡

매일 먹어도 좋은 일품떡

솔빛치강떡케이크

재료 및 분량

멥쌀가루 3컵(300g), 소금 ¼큰술(3g)
설탕 2⅓큰술(30g)
쌀눈 30g(물 30g), 물 4큰술(60g)
보리새싹가루 4g, 팽이버섯 30g

장식용 떡고명
팽이버섯

조리도구

26cm 찜기, 16cm 대나무찜기, 16cm 냄비

Cooking Tip

• 쌀눈과 보리새싹가루의 비율은 기호
에 따라 조절한다.
• 팽이버섯 대신 만가닥버섯이나 황금
버섯 등을 사용하기도 한다.

1 멥쌀가루 체에 내리기
멥쌀가루에 소금과 물을 넣고 고루 섞어
비벼 체에 내린다. 설탕을 넣고 다시 한
번 체에 내린다.

2 쌀눈과 보리새싹가루 섞기
쌀눈에 물을 넣고 고루 섞어 10분 정도
불린다. 멥쌀가루에 불린 쌀눈과 보리새
싹가루를 넣고 고루 섞어 체에 내린다.

3 팽이버섯 썰기
팽이버섯은 씻어서 물기를 빼고 2cm
길이로 자른다.

4 팽이버섯과 설탕 섞기
준비해 놓은 쌀가루에 팽이버섯과 설탕
을 넣고 고루 섞는다.

5 찜기에 쌀가루 넣기
대나무찜기에 밑을 깔고 준비한 쌀가루
를 넣고 고루 펴서 수평으로 평평하게
한다.

6 떡 찌기
팽이버섯으로 떡의 윗면을 장식한 다음,
찜통에 물을 붓고 센 불에 올려 끓으면
찜기에 대나무찜기를 넣고 20분 정도
찐다.

색 절편에 완두앙금소를
넣어 반달로 접어 만든 떡

매일 먹어도 좋은 일품떡

반달꽃떡

재료 및 분량

멥쌀가루 1½컵(150g), 찹쌀가루 ½컵(50g)
소금 ½작은술(2g), 물 2⅔큰술(40g)

색
치자물 ½작은술(치자 1개＋물 ⅔큰술)
딸기가루물 1작은술(딸기가루 1g＋물 1작은술)
녹차가루 1g

소
완두앙금 80g, 아몬드 다진 것 10g
계핏가루 0.1g

장식용 떡고명
대추 1개(4g)
참기름 1작은술(4g)

조리도구

26cm 찜기, 5cm 둥근 틀

Cooking Tip

- 완두앙금 대신에 흰팥앙금으로 소를 넣기도 한다.
- 대추장식 대신 행인(살구씨)을 사용하기도 한다.

1 쌀가루 체에 내리기
멥쌀가루에 찹쌀가루와 소금을 넣고 체에 내린 다음, 물을 넣고 고루 비벼 섞는다.

2 소·고명 만들기
완두앙금에 아몬드와 계핏가루를 함께 넣고 고루 섞어서 5g 정도씩 떼어 반달 모양으로 소를 만든다. 대추는 젖은 면포로 닦고 돌려깎아서 꽃모양틀로 찍어 대추꽃을 만든다.

3 떡 쪄서 색 들이기
찜통에 물을 붓고 센 불에 올려 끓으면 찜기에 젖은 면포를 깔고 쌀가루를 넣어 15분 정도 찐다. 찐 떡은 뜨거울 때 끈기가 생기도록 치댄 뒤 3등분하여 각각 녹차가루, 치자물, 딸기가루물을 넣고 반죽한다.

4 떡 모양 만들기
색을 들인 반죽은 각각 밀대로 두께 0.5cm 정도로 밀어 펴서 직경 5cm 정도의 둥근 틀로 찍는다.

5 떡 장식하기
떡반죽 가운데 소를 넣고 반을 접어서 반달모양으로 만든다.

6 떡 장식하기
색떡반죽을 길이 5cm, 두께 0.3cm로 길게 만들어 떡의 둘레에 둥글게 붙이고, 대추꽃으로 장식한 다음 기름을 바른다.

매일 먹어도 좋은 일품떡
금빛설기떡

재료 및 분량

멥쌀가루 3컵(300g), 황치즈가루 3g
우유 4큰술(60g), 소금 ¼큰술(3g)
설탕 3⅓큰술(40g)

체더치즈 1장(20g)

고물
코코넛가루 10g

장식용 떡고명
꽃절편

조리도구

26cm 찜기, 16cm 대나무찜기, 케이크용 띠

Cooking Tip

- 치즈가 많이 들어가면 간이 세지므로
다른 떡보다 소금의 양을 줄인다.
- 기호에 따라 황치즈가루를 가감한다.

1 황치즈가루 섞기
멥쌀가루에 황치즈가루를 넣고 고루
비벼 섞어서 체에 내린다.

2 우유 섞기
쌀가루에 소금과 우유를 넣고 고루 비벼
섞어서 체에 내린 다음 설탕을 넣고
고루 섞어 체에 한 번 더 내린다.

3 체더치즈 썰기
체더치즈는 가로 · 세로 1cm 정도로
썬다.

4 쌀가루 채우기
대나무찜기에 밑을 깔고 쌀가루의
½ 양을 넣고 고루 펴서 평평하게 한 다음
체더치즈를 넣고, 남은 쌀가루를 넣고
고루 펴서 수평으로 평평하게 한다.

5 떡 찌기
찜통에 물을 붓고 센 불에 올려 끓으면,
찜기에 대나무찜기를 넣고 20분 정도
찐다.

6 코코넛가루 장식하기
떡케이크 위에 코코넛가루를 고루 뿌리
고 꽃절편으로 꽃모양을 만들어 떡 위
에 장식한다.

대추고가 들어가서
대추향이 은은한 찰떡

두고 먹어도 좋은 맛있는 떡
대추인절미

재료 및 분량

찹쌀가루 5컵(500g), 소금 ½큰술(6g)
대추고 200g(대추 100g, 물 4컵)
설탕 4큰술(48g)
다진 대추 10개

고물
거피팥 1컵(160g), 소금 1작은술(4g)

조리도구

26cm 찜기, 냄비, 방망이, 실리콘패드

Cooking Tip

- 나중에 섞는 다진 대추는 아주 곱게 다져서 넣어야 색이 좋다.
- 잘 쪄진 대추인절미는 방망이로 오래 쳐야 질감이 쫄깃하다.

1 거피팥고물 만들기
거피팥은 8시간 불려 깨끗이 씻은 뒤 김 오른 찜통에 40분간 찌고 한 김 나가면 소금을 넣고 고루 섞어 방망이로 찧어 굵은체(어레미)에 내린다.

2 대추고 만들기
대추는 깨끗이 씻은 뒤 물을 넣고 푹 끓여 씨와 껍질을 걸러내고, 약불에 조려 대추고를 만든다.

3 대추고 섞기
찹쌀가루에 소금과 대추고를 넣어 고루 비벼 섞은 다음, 부족한 수분은 물을 넣은 뒤 설탕을 넣고 가볍게 훌훌 섞는다.

4 떡 찌기
찜통에 물을 붓고 끓으면, 찜기에 젖은 면포를 깔고 반죽한 찹쌀가루를 넣은 뒤 김이 오른 후 15분 정도 찐 다음 다져 놓은 대추를 넣고 5분 정도 더 찐다.

5 떡반죽 찧기
충분히 쪄진 떡은 방망이로 찧어, 두께 2cm 정도로 평평하게 밀어, 가로 4cm, 세로 2cm 정도로 자른다.

6 고물 묻히기
자른 인절미는 앞뒤로 거피팥고물을 고루 묻힌다.

매일 먹어도 좋은 일품떡

난초병(餠)

재료 및 분량

멥쌀가루 2컵(200g), 소금 ½작은술(2g)
물 4큰술(60g)
녹차가루 1작은술(3g)

소
찐 강낭콩 100g, 소금 ⅛작은술(0.5g)
설탕 2½큰술(30g)

장식용 떡고명
멥쌀가루 50g, 자색고구마가루 1작은
술(3g)
치자물 1작은술(4g), 보리순가루 0.5g
참기름 2큰술(26g)

조리도구

26cm 찜기

Cooking Tip

• 소는 강낭콩 외에 제철에 나는 재료를
이용해도 좋다.

1 쌀가루 체에 내려 익반죽하기
멥쌀가루에 소금을 넣고 체에 내린 다음
익반죽하고 ½ 양은 녹차가루를 넣어
반죽한다. 흰색 반죽을 40g 정도 떼어놓
고 흰색 반죽과 녹차반죽을 섞어 4~5
회 정도 치댄다.

2 소 만들기
찐 강낭콩에 소금과 설탕을 넣고 방망이
로 찧어 소를 만든다.

3 색 들이기
준비한 흰색 반죽에 자색고구마가루와
치자물을 각각 넣어 반죽한다.

4 팔각모양 만들기
익반죽한 떡반죽을 밤알 크기로 떼어
소를 넣고 오므린 다음 팔각모양을
만든다.

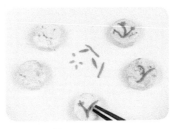

5 꽃상식 만들기
멥쌀가루에 보라색과 노란색, 초록색을
각각 넣고 반죽하여 떡장식용 고명을
만들어 떡 위에 붙인다.

6 떡 찌기
찜통에 물을 올려 센 불에서 물이 끓으면
찜기에 면포를 깔고, 떡을 넣은 다음 김이
오르면 15분간 찐다. 찐 떡에 참기름을
바른다.

매일 먹어도 좋은 일품떡

블루베리떡케이크

재료 및 분량

멥쌀가루 2컵(200g), 소금 ½작은술(2g)
포도가루 20g, 물 2큰술(40g)
설탕 1⅔큰술(20g)

블루베리잼 50g

장식용 떡고명
꽃절편

조리도구

26cm 찜기, 16cm 대나무찜기

Cooking Tip

• 잼을 너무 많이 넣고 찌면 떡이 질어
진다.
• 떡 위에 장식으로 생블루베리를 올려
도 좋다.

1 멥쌀가루 체에 내리기
멥쌀가루에 소금을 넣고 고루 비벼 섞어
체에 내린다.

2 포도가루물 만들기
포도가루에 물을 넣고 잘 저어서 녹인다.

3 쌀가루에 포도가루물 섞기
쌀가루에 포도가루물을 넣고 고루 비벼
섞어서 체에 내린 다음, 설탕을 넣고
고루 섞는다.

4 찜기에 쌀가루 넣기
대나무찜기에 밑을 깔고 쌀가루의
½ 양을 넣고 고루 펴서 평평하게 한다.

5 블루베리잼 바르기
그 위에 블루베리잼을 고루 펴서 넣고
나머지 쌀가루를 넣어 수평으로 평평하
게 한다.

6 떡 찌기
찜통에 물을 붓고 센 불에 올려 끓으면
찜기틀에 대나무찜기를 넣고 20분
정도 찐 다음, 꽃절편으로 꽃모양을
만들어 떡 위에 장식한다.

매일 먹어도 좋은 일품떡

딤채병(餠)

재료 및 분량

멥쌀가루 1½컵(150g), 찹쌀가루 ½컵(50g)
소금 ½작은술(2g), 물 4큰술(60g)

색
딸기가루물 ½작은술
(딸기가루 1.5g + 물 ½작은술)
치자물 ⅓작은술(치자 1개 + 물 1작은술)
흑임자가루 2큰술(30g)

소
김치 50g, 깨소금 1작은술(2g)
참기름 ½큰술(6.5g), 깻잎 4장(6g)
참기름 1큰술(13g)

장식용 떡고명
꽃절편

조리도구

26cm 찜기, 사각모양 주름틀

Cooking Tip

• 김치는 쓱 싸서 깻잎에 씨주어야
  김칫국이 흐르지 않는다.
• 떡반죽의 수분이 적으면 떡의
  질감이 좋지 않다.

1 멥쌀가루 체에 내리기
멥쌀가루와 찹쌀가루에 소금을 넣고 고루 비벼 섞어서 체에 내린 다음 물을 넣고 고루 비벼 섞는다.

2 김치소 만들기
김치는 소를 털어내고 곱게 썬 다음 물기를 꼭 짜서 깨소금과 참기름으로 양념한다.

3 소 깻잎에 싸기
깻잎은 깨끗이 씻어서 물기를 닦고 양념한 김치를 넣어 폭 1.5cm 정도 크기로 깻잎에 싸서 김치쌈떡 소를 만든다.

4 떡 찌기 · 색 들이기
찜통에 물을 붓고 센 불에 올려 끓으면 찜기에 젖은 면포를 깔고 쌀가루를 넣어 15분 정도 찐다. 떡은 뜨거울 때 치대어 60g 정도씩 떼어 3등분하고 각각의 색을 들인다.

5 모양 찍기
남은 김치쌈떡반죽은 두께 0.3cm 정도로 밀어 펴서 가로 · 세로 6cm 정도의 사각틀로 찍는다. 안쪽에 깻잎에 말아놓은 김치소를 넣어 모서리부분을 맞붙여 삼각형 모양의 김치쌈떡을 만든다.

6 김치쌈떡 만들기
김치쌈떡반죽 가운에 흑임자떡띠와 색띠를 붙인다. 색절편으로 꽃모양을 만들어 떡 위에 장식한다.

송화생크림을 얹어 특별한
날 손님접대에 좋은 떡

매일 먹어도 좋은 일품떡
송화크림흑미케이크

재료 및 분량

흑미떡
멥쌀가루 1½컵(150g)
흑미가루 ½컵(50g), 소금½작은술(2g)
물 2⅔큰술(40g), 설탕 2큰술(24g)

흰색떡
멥쌀가루 ½컵(50g), 소금 ⅛작은술(0.5g)
물 ⅔큰술(10g), 설탕 1작은술(4g)
호두 20g

송화크림
생크림 100g, 송홧가루 10g

장식용 떡고명
피스타치오 4개(2g), 대추 1개(4g)

조리도구

26cm 찜기, 사각떡틀

Cooking Tip

• 멥쌀가루와 흑미가루의 비율은 기호에 따라 가감한다.
• 떡에 크림으로 장식할 때는 반드시 떡이 식어야 크림이 녹지 않는다.

1 쌀가루 체에 내리기
멥쌀가루에 흑미가루와 소금, 물을 넣고 고루 비벼 섞어서 체에 내린다.
흰색 떡은 멥쌀가루에 소금과 물을 넣고 고루 비벼 섞어 체에 내린 다음 설탕을 넣고 다시 체에 내린다.

2 견과류 섞기
흑미가루와 흰쌀가루에 각각 잘게 다진 호두를 넣고 고루 섞는다.

3 송화크림 만들기
생크림에 송홧가루를 넣고 거품기로 저어 송화크림을 만든다.

4 고명 만들기
장식용 피스타치오는 껍질을 벗겨 곱게 다지고, 대추는 젖은 면포로 닦고 살만 돌려깎아 꽃모양틀로 찍어서 대추꽃을 만든다.

5 쌀가루 채우기
찜기에 젖은 면포를 깔고 떡틀을 넣고 흑미떡 쌀가루를 넣은 뒤 고루 펴고, 그 위에 흰색 쌀가루를 넣고 수평으로 평평하게 고루 편다. 찜통에 물을 붓고 센 불에 올려 끓으면 찜기에 넣고 15~20분 정도 찐 다음 식힌다.

6 장식하기
송화크림을 짤주머니에 넣고 찐 떡 위에 짜서 장식한 다음 떡 위에 피스타치오와 대추꽃을 올린다.

(사)한국전통음식연구소 윤숙자 교수가
색다르게 디자인한 **아름다운 퓨전떡**

Part.2

몸을 이롭게 하는
건강떡

보리영양찰떡 • 적양파말이떡 • 단군신화떡케이크 • 가련잎찰떡

가루차주악 • 알밤영양떡케이크 • 쑥버무리 • 보리순곶감떡 • 백자병케이크

미니호박콩설기 • 길경화병(餠) • 차버무리떡 • 곶감단자 • 사과정과설기

둥근뽕잎떡 • 녹두흑미찰편 • 땅콩찰떡

찰보리와 견과류를 듬뿍
넣어 만든 웰빙찰떡

몸을 이롭게 하는 건강떡
보리영양찰떡

재료 및 분량

찹쌀가루 2컵(200g), 찰보릿가루 1컵(100g)
소금 ¼큰술(3g), 물 1큰술(15g)
설탕 30g(2½큰술)

고명 조리기

서리태 10g, 대추 8g(2개), 밤 30g(2개)
물 4큰술(60g), 설탕 4큰술(48g)

잣 5g(½큰술), 호박씨 5g, 해바라기씨 5g
완두배기 10g, 유자건지 5g

조리도구

26cm 찜기, 16cm 냄비, 양갱틀

Cooking Tip

• 떡틀에 고명을 넣을 때 고루 넣어야 떡색이 예쁘다.

1 찹쌀가루 체에 내리기
찹쌀가루와 보릿가루에 소금을 넣고 고루 섞어 체에 내린다.

2 찹쌀가루에 찰보리 섞기
찹쌀가루에 찰보리가루와 물을 넣고 고루 비벼 섞어서 체에 내린 다음, 설탕을 넣고 고루 섞는다.

3 고명 손질 · 조리기
서리태는 씻어서 물에 불리고 물기를 뺀 다음 5분 정도 삶는다. 대추는 돌려깎아서 가로 · 세로 0.5cm 정도로 썰고, 밤은 껍질을 벗기고 대추와 같은 크기로 썬다. 유자건지는 0.5cm 길이로 썬다. 냄비에 밤과 서리태, 물, 설탕을 넣고 센 불에 올려 끓으면 약불로 낮추어 5~10분 정도 조리다가 대추를 넣고 20~30초 정도 조려 고명을 만든다.

4 떡 찌기
찜통에 물을 붓고 센 불에 올려 끓으면 찜기에 젖은 면포를 깔고 쌀가루를 넣어 15분 정도 찐다. 찐 떡은 꺼내어 방망이로 쳐서 떡반죽을 만든다.

5 찰떡 만들기
떡틀에 랩을 깔고 조린 고명을 폭 2cm 정도로 떡틀에 맞추어 길게 펴서 놓고, 그 위에 떡반죽을 넣고 랩으로 싸서 냉동실에 넣는다.

6 찰떡 썰기
찰떡은 1~2시간 정도 지나 떡이 냉동되면 길이 3~4cm 정도로 썬다.

떡 속에 훈치즈를 넣고
적양파정과로 만 떡

몸을 이롭게 하는 건강떡

적양파말이떡

재료 및 분량

멥쌀가루 1½컵(150g), 찹쌀가루 ½컵(50g)
소금 ½작은술(2g), 물 3⅓큰술(50g)

소
롤치즈 75g

적양파정과
적양파 150g, 설탕 75g, 물엿 40g
물 300g

장식용 떡고명
꽃절편

조리도구

26cm 찜기, 16cm 냄비

Cooking Tip

• 정과를 하루 동안 두었다가 물기를
  걷어 사용하면 더 쫄깃하다.

1 적양파 손질하기
적양파는 다듬어 씻어서 4등분하고 살
짝 쪄서 한 겹씩 떼어놓는다.
멥쌀가루에 찹쌀가루와 소금, 물을 넣
고 고루 비벼 섞어서 체에 내린다.

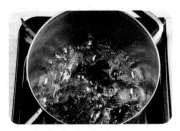

2 적양파정과 만들기
냄비에 적양파와 설탕, 물엿, 물을 넣고
센 불에 올려 끓으면 약불로 낮추어 20
분 정도 조린다.

3 정과 말리기
조린 적양파정과를 체에 건져 펼쳐서
엿물을 빼고 꾸덕꾸덕하게 말린다.

4 떡 찌기
찜통에 물을 붓고 센 불에 올려 끓으면
찜기에 젖은 면포를 깔고, 쌀가루를 넣
어 15분 정도 쪄서 끈기가 생기도록 친
다음 10g씩 떼어 동그랗게 만든다.

5 소 넣어 떡 만들기
동그란 떡반죽에 롤치즈 3개씩을 소로
넣고 동글게 만다.

6 정과에 떡 말기
적양파정과에 떡을 놓고 돌돌 말아서
떡을 만든 다음 꽃절편으로 꽃모양을
만들어 떡 위에 장식한다.

몸을 이롭게 하는 건강떡

단군신화떡케이크

재료 및 분량

멥쌀가루 3컵(300g), 소금 ¾큰술(3g)
꿀 1큰술(19g), 물 2큰술(60g)
설탕 2큰술(24g)

마늘 30g, 버터 1작은술(5g)
호두 3개(7g), 피칸 3개(6g)
캐슈넛 3개(5g), 김치 50g
크랜베리 5개(2g)

장식용 떡고명
곶감꽃

조리도구

26cm 찜기, 16cm 대나무찜기
30cm 프라이팬

Cooking Tip

• 호두와 피칸, 캐슈넛 등의 견과류는
  기호에 따라 가감하고 땅콩, 아몬드
  등을 넣기도 한다.
• 건살구, 건자두 등 건과일을 넣기도
  한다.

1 멥쌀가루 체에 내리기
멥쌀가루에 소금과 꿀, 물을 넣고 고루
비벼 섞어서 체에 내린다. 설탕을 넣고
고루 섞어 체에 한 번 더 내린다.

2 부재료 손질하기
마늘은 씻어서 두께 0.2cm 정도의 편으
로 썰고, 호두와 피칸은 4등분하고 캐슈
넛은 2등분한다. 김치는 속을 털어내고
물기를 짠 다음 폭 1cm 정도로 썬다.

3 마늘 볶기
냄비에 물을 붓고 끓으면 마늘을 넣고
데친 다음, 물기를 빼고 팬을 달구어 버터
를 두르고 마늘을 넣고 볶아서 식힌다.

4 멥쌀가루에 부재료 섞기
준비한 멥쌀가루에 볶은 마늘과 김치,
견과류를 넣고 고루 섞는다.

5 찜기에 쌀가루 채우기
대나무찜기에 밑을 깔고, 쌀가루를 넣고
고루 펴서 평평하게 한다.

6 떡 찌기
찜통에 물을 붓고 센 불에 올려 끓으면
찜기에 대나무찜기를 넣고 20분 정도
찐다. 떡 위에 곶감꽃으로 장식한다.

68
—
69

연잎가루와 견과류가
들어간 별미 찰떡

몸을 이롭게 하는 건강떡

가련임찰떡

재료 및 분량

찹쌀가루 3컵(300g), 소금 ¼큰술(3g)
연잎가루 3g, 물 2큰술(30g)
설탕 3큰술(36g)

밤 2개(30g), 호두 2개(10g), 대추 3개(12g)
설탕 1큰술(12g), 물 ½컵(100g)

완두배기 10g, 녹두고물 100g
흑설탕 2½큰술(30g)

장식용 떡고명
장미꽃절편

조리도구

26cm 찜기, 사각떡틀, 16cm 냄비

Cooking Tip

• 밤과 대추를 조릴 때 밤을 먼저 넣고
밤이 어느 정도 익으면 대추를 넣고
잠깐 조려야 대추가 불지 않는다.

1 연잎가루 섞기
찹쌀가루에 소금과 연잎가루, 물을 넣고
고루 비벼 섞어서 체에 내린 다음 설탕
을 넣고 고루 섞는다.

2 견과류 손질하기
밤은 껍질을 벗겨 4~6등분하고, 호두도
밤과 같은 크기로 썬다. 대추는 돌려 깎
아서 4~6등분한다. 냄비에 밤, 호두, 설
탕, 물을 넣고 센 불에 올려 끓으면 중불
로 낮추어 5분 정도 조리다 대추를 넣고
1분 정도 더 조린다.

3 녹두고물 만들기
녹두는 물에 담가 8시간 정도 불려, 문
질러 껍질을 벗기고 씻어 물기를 뺀다.
찜통에 물이 끓으면 찜기에 젖은 면포를
깔고 녹두를 넣고 40분 정도 찐 다음, 그
릇에 담고 소금을 넣고 방망이로 찧어
체에 내린다.

4 부재료 넣고 섞기
준비해 놓은 쌀가루에 조린 견과류와
완두배기를 넣고 고루 섞는다.

5 쌀가루 넣기
찜기에 젖은 면포를 깔고 떡틀을 넣고,
녹두고물의 ½ 양을 넣어 고루 편 다음
찹쌀가루의 ½ 양을 넣고 고루 편다. 그 위
에 흑설탕을 고루 뿌리고 다시 찹쌀가
루의 ½ 양을 넣어 수평으로 평평하게
한다.

6 떡 찌기
찹쌀가루 위에 나머지 녹두고물의 ½
양을 넣고 고루 뿌린다. 찜통에 물을 붓
고 센 불에 올려 끓으면 찜기를 올리고
20분 정도 찐 다음 꽃절편으로 꽃모양
을 만들어 떡 위에 장식한다.

쌀가루에 가루차를 넣고
부풀려 만든 지진 떡

몸을 이롭게 하는 건강떡
가루차주악

재료 및 분량

찹쌀 1½컵(150g), 멥쌀 ½컵(50g)
소금 ½작은술(2g),
녹차가루 1작은술(3g), 막걸리 ½컵(100g)
설탕 1큰술(12g)

집청
시럽(설탕1 : 물1컵) 1컵(200g)
꿀 ½컵(150g)
식용유 1컵(170g)

장식
대추 5개

조리도구

26cm 찜기, 16cm 대나무찜기

Cooking Tip

· 낮은 온도에 반죽을 넣고 앞뒤로 자주 뒤집어서 고루 부풀게 한다.
· 튀긴 떡이므로 다른 떡보다 오래 두고 먹을 수 있다.

1 찹쌀가루 체에 내리기
찹쌀가루와 멥쌀가루에 소금과 녹차가루를 넣고 체에 내린다.

2 주악 반죽하기
막걸리와 설탕을 넣고 반죽한다.

3 주악 만들기
반죽을 직경 5cm 정도의 크기로 동글납작하게 빚어 가운데를 눌러서 자국을 낸 다음 대추 썬 것을 가운데 박아서 장식한다.

4 주악 튀기기
팬에 식용유를 넣고 90℃ 정도의 온도에서 반죽을 넣고 서서히 한 번 튀기고 주악이 떠오르면 불을 높여 130℃ 정도에서 더 튀겨낸다.

5 집청 만들기
설탕 1컵과 물 1컵을 넣고 끓이다가 꿀을 섞고 집청꿀을 만든다.

6 집청하기
집청꿀에 가루차 주악을 집청한 후 접시에 담아낸다.

통통한 알밤을 조려 넣어
만든 떡

몸을 이롭게 하는 건강떡
알밤영양떡케이크

재료 및 분량

멥쌀가루 2컵(200g), 소금 ½작은술(2g)
계핏가루 ⅔작은술(2g), 물 2⅔큰술(40g)
설탕 2큰술(24g)

밤소
밤 8개(100g), 설탕 4큰술(48g)
물 ½컵(100g)

고명
밤 3개(45g), 설탕 4큰술(48g)
물 ½컵(100g)
슈거파우더 30g

조리도구

26cm 찜기, 16cm 대나무찜기

Cooking Tip

• 통조림밤을 사용하기도 한다.
• 계핏가루 양은 기호에 따라 가감한다.
• 밤은 치자물을 넣어 노랗게 조리기도
  한다.

1 멥쌀가루에 계핏가루 섞기
멥쌀가루에 소금과 계핏가루를 넣고 섞은
다음 물을 넣고 섞어 체에 내린다.

2 밤소 만들기
밤은 껍질을 벗기고 두께 0.3cm 정도의
편으로 썰어 냄비에 밤과 설탕, 물을 넣
고 센 불에 올려 끓으면 약불로 낮추어
5~6분 정도 조린다.

3 밤고명 만들기
고명용 밤은 껍질을 벗긴다. 냄비에 고
명용 밤과 설탕, 물을 넣고 센 불에 올려
끓으면 약불로 낮추어 9분 정도 조린다.

4 찜기에 쌀가루 넣기
쌀가루에 설탕을 넣어 고루 섞는다.
대나무찜기에 밑을 깔고 쌀가루의 ½
양을 넣고 수평으로 평평하게 한 다음,
설탕에 조린 밤소를 고루 펴서 놓는다.
그 위에 나머지 쌀가루 ½ 양을 넣고
고루 펴서 수평으로 평평하게 한다.

5 떡 찌기
찜통에 물을 붓고 센 불에 올려 끓으면
찜기에 대나무찜기를 넣고 20분 정도
찐다.

6 고명 올리기
떡케이크가 식으면 슈거파우더를 고루
뿌리고 밤고명으로 장식한다.

쑥향기가 모락모락
나는 설기떡

몸을 이롭게 하는 건강떡
쑥버무리

재료 및 분량

멥쌀가루 3컵(300g), 소금 1작은술(4g)
생쑥 60g
설탕물 ⅓컵(설탕1 : 물1)
검은콩 ⅓컵(70g)

조리도구

26cm 찜기, 16cm 대나무찜기, 냄비

Cooking
Tip

• 어린 쑥이 부드럽고 향이 좋다.

1 멥쌀가루 체에 내리기
멥쌀가루에 소금을 넣고 고루 섞어서 체에 내린다.

2 설탕물 끓이기
냄비에 분량의 설탕과 물을 넣고 끓여 설탕물을 만들어 식힌다.

3 쑥 손질하기
쑥은 티끌을 골라내고 손질하여 씻어 물기를 뺀다.

4 검은콩 손질하기
검은콩은 물에 1시간 정도 불려서 콩 비린내가 나지 않을 정도로 살짝 삶아 식힌다.

5 쌀가루에 부재료 섞기
쌀가루에 설탕물로 수분을 주고, 손질한 쑥과 검은콩을 넣고 가볍게 훌훌 섞은 다음 대나무찜기에 안친다.

6 떡 찌기
찜통에 물을 붓고 끓으면, 찜기에 대나무찜기를 올리고, 김이 오른 후 20분 정도 찐다.

겉에 곶감 꽃모양을
내서 붙인 찰떡

몸을 이롭게 하는 건강떡
보리순곶감떡

재료 및 분량

찹쌀가루 3컵(300g), 보리순가루 4g
소금 ¾작은술(3g), 물 2큰술(30g)

소
흰 앙금 50g, 찐 거피팥 50g, 호두 10g
곶감 ½개(25g)

장식용 떡고명
곶감꽃
식용유 1작은술(2g)

조리도구

26cm 찜기, 양갱틀

Cooking Tip

• 찰떡틀에 곶감의 속이 밖으로 보이
도록 놓는다.

1 쌀가루 체에 내려 찌기
찹쌀가루에 소금과 보리순가루를 고루
섞은 다음 물을 넣고 체에 내린다.
찜기에 물을 넣고 센 불에서 끓으면 찜기
중간틀에 젖은 면포를 깔고 찹쌀가루를
넣고 15분 정도 찐다.

2 부재료 손질하기
호두는 끓는 물에 데쳐 물기를 빼서
0.5cm 크기로 썰고, 곶감은 꼭지와 씨를
뺀 다음 호두와 같은 크기로 썬다.

3 소 만들기
흰 앙금에 거피팥과 곶감을 넣고 고루
섞어 지름 1.5cm 두께로 20cm 정도 길
게 만든다.

4 찹쌀반죽에 소 넣기
보리순가루를 넣고 찐 떡반죽을 치대어
평평하게 반대기를 지은 다음 소를 넣고
돌돌 만다.

5 찰떡 틀에 굳히기
찰떡 틀에 비닐을 깐 뒤 식용유를 바르고
꽃몰드로 찍은 곶감꽃을 여러 개 깔고, 소
를 넣어 만 떡반죽을 넣고 윗면을 수평으
로 반듯하게 한 다음 랩으로 싼다.

6 찰떡 썰기
랩으로 싼 찰떡을 냉동실에 1~2시간
냉동했다가 꺼내어 5cm 길이로 썬다.

잣가루를 넣어 만든
고소한 떡

몸을 이롭게 하는 건강떡

백자병케이크

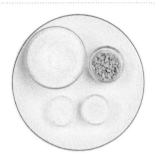

재료 및 분량

멥쌀가루 3컵(300g), 소금 ¼큰술(3g)
물 4큰술(60g), 설탕 2½큰술(30g)
잣 5큰술(30g)

장식용 떡고명
주황색꽃절편

조리도구

26cm 찜기, 16cm 대나무찜기

Cooking Tip

• 잣은 고운 가루로 만들어 넣는 것보다
  거칠게 다져 넣는 것이 씹히는 맛이
  좋다.
• 잣가루는 밀폐용기에 키친타월을 깔고
  담아서 냉동보관하여 사용한다.

1 가루 체에 내리기
멥쌀가루에 소금과 물을 넣고 고루 비벼
섞어서 체에 내린다.

2 멥쌀가루에 설탕 섞기
멥쌀가루에 설탕을 넣고 고루 섞어 체에
한 번 더 내린다.

3 잣 다지기
잣은 고깔을 떼고 면포로 닦아서 종이를
깔고 잣을 놓은 뒤 종이를 덮어 밀대로
밀어 기름을 빼고 굵게 다진다.

4 쌀가루에 다진 잣 섞기
멥쌀가루에 다진 잣을 넣고 가볍게 고루
섞는다.

5 찜기에 쌀가루 넣기
대나무찜기에 밑을 깔고, 잣을 섞은 멥
쌀가루를 넣어 수평으로 평평하게 한다.

6 떡 찌기
찜통에 물을 붓고 센 불에 올려 끓으면
찜기 위에 대나무찜기를 넣고 20분
정도 찐 다음 꽃절편으로 꽃모양을
만들어 떡 위에 장식한다.

단호박과 완두·팥배기가
들어간 떡

몸을 이롭게 하는 건강떡
미니 호박콩설기

재료 및 분량

멥쌀가루 5컵(500g), 소금 ½큰술(6g)
설탕 50g
팥배기 60g
완두배기 60g
찐 단호박 130g

조리도구

26cm 찜기, 컵

Cooking Tip

- 컵 외에 다양한 몰드를 사용하여 떡을 찌면 여러 가지 모양의 떡을 만들 수 있다.
- 단호박 외에 딸기나 쑥가루를 넣어서 쪄도 색이 곱다.

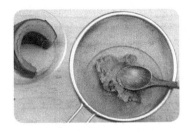

1 단호박 찌기
단호박은 찜기에 쪄서 숟가락으로 속살을 긁어낸다.

2 멥쌀가루에 수분 주기
멥쌀가루에 소금을 넣고 체에 내린 다음, 쌀가루 절반은 찐 단호박을 넣어 수분을 주고, 남은 쌀가루는 물로 수분을 준다.

3 체에 내리기
물로 수분을 준 쌀가루와 단호박으로 수분을 준 노란 쌀가루는 체에 내린다.

4 설탕 섞기
수분을 준 쌀가루에 분량의 설탕을 각각 넣고 가볍게 훌훌 섞는다.

5 컵에 채우기
컵에 팥배기와 완두배기를 넣고, 흰 쌀가루와 단호박쌀가루를 한 스푼씩 번갈아 넣어 컵에 채운다.

6 떡 찌기
찜통에 물을 붓고 끓으면, 찜기에 젖은 면포를 깔고 떡가루 담은 컵을 뒤집어 올린 후 컵을 빼고, 김이 오른 후 15~20분 정도 찐다.

호흡기에 좋은 도라지를
넣어 도라지 모양으로
만든 떡

몸을 이롭게 하는 건강떡
길경화병(餅)

재료 및 분량

멥쌀가루 2컵(200g), 찹쌀가루 1컵(100g)
소금 ¼큰술(3g), 도라지가루 6g
물 4큰술(60g)

소
호두 10g, 대추 2개(8g), 흰팥앙금 120g

도라지 조리기
도라지 50g, 물 ½컵(100g), 설탕 3컵(45g)

장식용 떡고명
멥쌀가루 ½컵(50g), 소금 ¼작은술(1g)
물 1⅓큰술(20g), 자색고구마가루 2g
쑥가루 1g, 치자물 1g

조리도구

26cm 찜기, 16cm 냄비

Cooking Tip

- 도라지는 껍질을 벗겨 꾸덕꾸덕하게 말려 설탕에 조려 사용하기도 한다.
- 도라지 모양은 여러 가지로 만들 수 있다.

1 쌀가루 섞기
멥쌀가루에 찹쌀가루와 소금, 도라지가루를 넣고 섞어 체에 내린 다음, 물을 넣고 고루 섞는다.

2 호두·대추 손질하기
호두는 잘게 다지고, 대추는 젖은 면포로 닦고 돌려깎아서 곱게 다진다.

3 도라지 조리기
도라지는 깨끗이 씻어 겉껍질을 벗겨 0.5cm 크기로 썰어 냄비에 물과 설탕을 넣고, 센 불에서 끓으면 약불로 낮추어 3~4분간 조려 체에 밭쳐 물기를 뺀다.

4 소 만들기
흰팥앙금에 다진 호두와 대추, 조린 도라지를 넣고 섞어서 8g 정도의 크기로 소를 만든다.

5 떡 찌기
찜통에 물을 붓고 센 불에 올려 끓으면 찜기에 젖은 면포를 깔고 도라지쌀가루와 고명용 쌀가루를 각각 넣고 15분 정도 찐다. 떡이 뜨거울 때 방망이로 치대어 떡반죽을 만들어 20g씩 떼어 소를 넣고 오므린 다음. 7cm 길이로 길게 늘여서 끝에서 2cm 정도 칼집을 넣어 도라지 모양을 만든다.

6 고명 올리기
떡반죽을 조금 떼어 3등분한 뒤 각각 쑥가루, 치자물, 고구마가루를 넣고 섞어서 색을 들인 다음, 밀대로 밀어 도라지꽃 모양의 틀로 찍는다. 떡 위에 도라지꽃으로 장식한다.

찻잎과 호박고지
검정콩을 넣고 만든 떡

몸을 이롭게 하는 건강떡
차버무리떡

재료 및 분량

멥쌀가루 5컵(500g), 소금 ½큰술(6g)
꿀 3큰술(57g)
호박고지 20g, 우린 찻잎 ⅓컵(30g)
검은콩 ½컵(100g), 소금 ½작은술(2g)
설탕 2큰술(24g)

조리도구

26cm 찜기, 20cm 대나무찜기, 체

Cooking Tip

• 녹차가루는 많이 넣으면 쓴맛이 나지만,
  우린 찻잎은 쓴맛이 적다.

1 멥쌀가루 체에 내리기
멥쌀가루에 소금을 넣고 체에 내린다.

2 멥쌀가루 수분 주기
체에 내린 쌀가루에 꿀과 물로 분을
준 후 체에 내린다.

3 찻잎 준비하기
우린 찻잎은 물기를 꼭 짜서 굵게 다
진다.

4 부재료 손질하기
호박고지는 물에 5분 정도 불리고, 검정
콩도 8시간 불린 후 소금, 설탕을 넣
는다.

5 쌀가루에 부재료 섞기
수분을 준 쌀가루에 찻잎과 호박고지,
검정콩을 넣고 버무린다.

6 떡 찌기
시루에 시루밑을 깔고 준비한 떡기루를
안친 후 솥이나 냄비 위에 올리고 시룻
번을 붙인 다음, 베보자기를 덮고 센 불
에서 김 오른 후 약 15분 정도 쪄낸다.

몸을 이롭게 하는 건강떡
곶감단자

재료 및 분량

찹쌀가루 5컵(500g), 소금 ½큰술(6g)
주머니곶감 10개, 호두 20개

고물
잣가루 ⅔컵(70g)

조리도구

26cm 찜기, 실리콘패드, 키친타월

Cooking Tip

• 주머니곶감은 작은 것을 사용해야
완성 모양이 작고 예쁘다.

• 잣가루를 낼 때 기름을 충분히 빼주어
야 잣가루가 고슬고슬하다.

• 잣가루를 묻힐 때 떡의 겉면이 마르기
전에 묻혀야 잣가루가 잘 붙는다.

1 쌀가루 체에 내리기
찹쌀가루에 소금을 넣고 물로 수분을 준
뒤 체에 내린다.

2 부재료 손질하기
주머니곶감은 꼭지는 남기고 반으로 갈
라 호두를 넣고 속을 채운다.

3 떡 찌기
찜통에 물을 붓고 끓으면, 찜기에 젖은
면포를 깔고 찹쌀가루를 안친 다음 김이
오른 후 20분 정도 찐다.

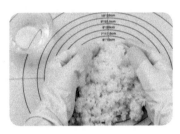

4 떡반죽 치대기
쪄진 찹쌀떡을 충분히 치댄다.

5 잣고물 만들기
잣은 키친타월에 올려 밀대로 민 뒤 기름
을 빼고, 칼로 다져 고물을 만든다.

6 곶감을 떡으로 싸기
호두를 채운 곶감을 찹쌀떡으로 감싸
고, 잣고물을 묻힌다.

몸을 이롭게 하는 건강떡
사과정과설기

재료 및 분량

멥쌀가루 5컵(500g), 소금 ½큰술(6g)
설탕물 ½컵(설탕1 : 물1)
완두배기 20g, 팥배기 20g
사과정과 1개 분량
(사과 1개, 설탕 5큰술)

조리도구

26cm 찜기, 20cm 대나무찜기, 냄비

Cooking Tip

- 사과정과를 만들 때는 양광이나 홍옥을 사용하는 것이 색이 곱고, 질감이 좋다.
- 사과정과를 급히 만들 때는 건조기를 사용해도 좋다.

1 사과정과 만들기
사과는 4등분하여 씨를 빼고 얇게 저며서 설탕을 뿌려 꾸덕하게 말린다.

2 설탕물 만들기
냄비에 분량의 물과 설탕을 넣고 끓여 설탕물을 만들어 식힌다.

3 멥쌀가루 체에 내리기
멥쌀가루에 소금을 넣고 체에 내린 뒤 설탕물로 수분을 주고 고루 비벼 섞어 체에 내린다.

4 부재료 넣고 섞기
수분 준 쌀가루에 분량의 완두배기, 팥배기 그리고 사과정과를 넣어 가볍게 훌훌 섞어준다.

5 찜기에 쌀가루 넣기
대나무찜기에 준비한 쌀가루를 안친다.

6 떡 찌기
찜통에 물을 붓고 끓으면, 찜기에 대나무찜기를 올려 김이 오른 후 20분 정도 찐다.

몸을 이롭게 하는 건강떡
둥근뽕잎떡

재료 및 분량

찹쌀가루 1컵(100g), 소금 ¼작은술(1g)
물 10g(⅔큰술), 뽕잎가루 1g, 흰 앙금 50g
찐 거피팥 50g

소
찐 고구마 50g, 흰 앙금 50g, 크림치즈 30g

소스
물 6큰술(90g), 설탕 1큰술(12g)
뽕잎가루 0.5g, 동부녹말 1g

장식용 떡고명
치자물 · 딸기물

조리도구

26cm 찜기, 16cm 냄비

Cooking Tip

• 쌀가루에 들어가는 흰 앙금과 거피팥
  은 보슬하게 볶아 사용한다.
• 반죽을 많이 치대야 떡의 질감이 쫄깃하
  고 맛이 있다.

1 쌀가루 체에 내리기
찹쌀가루에 뽕잎가루와 소금, 물을 섞고
고루 비벼 체에 내린다.

2 고구마소 만들기
찐 고구마에 흰 앙금과 크림치즈를 넣고
고루 섞어 은행알만큼 떼어 동그랗게
소를 만든다.

3 떡 쪄서 반죽하기
찜통에 물을 붓고 센 불에서 끓으면
찜기에 젖은 면포를 깔고 쌀가루를 넣고
15분 정도 찐다. 흰 앙금과 거피팥은 보슬
하게 볶아 체에 내려 찹쌀반죽과 섞어
여러 번 치댄다.

4 소스 만들기
냄비에 물과 설탕, 뽕잎가루를 넣고 끓
기 시작하면 동부녹말을 넣고 중불에서
1~2분간 끓인다.

5 반죽에 소 넣기
찹쌀반죽에 고구마소를 넣고 동그랗게
만든 다음 가운데를 살짝 눌러준다.

6 장식 만들기
찹쌀반죽을 조금 떼어 치자물과 딸기
물로 반죽하여 물고기를 만들어 떡 가
운데 넣고 소스를 붓는다.

매일 먹어도 좋은 일품떡
녹두흑미찰편

재료 및 분량

찹쌀가루 3컵(300g), 흑미쌀가루 1컵(100g)
소금 ½큰술(6g), 설탕 4큰술(48g)

고물
녹두 1컵(160g), 소금 ¼큰술(3g)
설탕 2큰술(24g)

조리도구

26cm 찜기, 사각떡틀

Cooking Tip

• 떡의 부재료로 밤, 대추, 잣, 호두 등을
  넣어도 좋다.
• 떡의 고물은 녹두고물 외에 거피팥고
  물을 사용해도 된다.

1 녹두 불리기
녹두는 8시간 정도 불린 뒤 문질러 씻어
껍질을 벗기고 깨끗이 씻어 건진 다음
물기를 뺀다.

2 녹두 찌기
찜통에 물을 붓고 끓으면, 찜기에 젖은
면포를 깔고 불린 녹두를 올린 다음
김이 오른 후 40분 정도 찐다.

3 녹두고물 만들기
찐 녹두는 뜨거울 때 소금을 넣고 수분
을 날린 후 방망이로 찧어 체에 내린다.

4 찹쌀가루에 흑미가루 섞기
찹쌀가루와 흑미가루에 소금을 넣고
섞은 뒤 물로 수분을 준 다음 체에 내린다.

5 쌀가루에 설탕 넣기
체에 내린 쌀가루에 설탕을 넣고 가볍게
훌훌 섞는다.

6 떡 찌기
찜통에 물을 붓고 끓으면, 찜기에 젖은
면포를 깔고 사각틀을 올린 다음 녹두
고물→쌀가루→녹두고물 순으로 안쳐
김이 오른 후 20분 정도 찐다.

매일 먹어도 좋은 일품떡

땅콩찰떡

재료 및 분량

찹쌀가루 4컵(400g), 소금 ½큰술(6g)
설탕 4큰술(48g)
생땅콩 90g, 소금 ½작은술(2g)
호박고지 15g
밤 4개, 물 ½컵(100g), 설탕 3큰술(36g)
치자물 ½큰술(8g)

조리도구

26cm 찜기, 냄비, 사각떡틀, 스텐떡틀

Cooking Tip

• 부재료를 넣을 때 밑에 깔고 찌지만
  쌀가루에 부재료를 섞어서 쪄도 된다.
• 호박고지를 불릴 때 물에 너무 오래
  불리면 맛있는 맛이 다 빠지므로 잠시
  불린다.

1 **찹쌀가루 체에 내리기**
찹쌀가루에 소금을 넣고 물로 수분을 준
뒤 체에 내린다.

2 **찹쌀가루에 설탕 섞기**
수분 준 찹쌀가루에 설탕을 넣고 훌훌
섞는다.

3 **생땅콩 삶기**
생땅콩은 깨끗이 씻어, 냄비에 물과 소
금을 넣고 삶아둔다.

4 **호박고지 불리기**
호박고지는 물에 불린다.

5 **밤 손질하기**
밤은 껍질을 벗겨 6등분 정도로 자르
고, 치자물에 설탕을 넣고 조려놓는다.

6 **떡틀에 안쳐 찌기**
찜통에 물을 붓고 끓으면, 찜기에 젖은
면포를 깔고, 사각틀을 올려 생땅콩과
호박고지, 밤을 고루 펼치고, 찹쌀가루를
얹어 김이 오른 후 20분 정도 찐 다음
스텐떡틀에 넣어서 급속 냉동시킨다.

(사)한국전통음식연구소 윤숙자 교수가
색다르게 디자인한 **아름다운 퓨전떡**

Part. 3

두고 먹어도 좋은

맛있는 떡

단풍잎찰떡 • 딸기인절미 • 호박찰떡파이 • 과일서여병(餠)

콩찰떡(쇠머리떡) • 옥총떡케이크 • 보라네찰떡 • 들깨절편

유자밤찰떡 • 녹차통팥떡케이크 • 오월애(愛) • 흑미물결찰떡

유자약식(약반) • 과일방울증편 • 에스프레소찰떡 • 보리싹차륜병

보리새싹가루 반죽과
헤이즐넛 커피 반죽으로
단풍잎 모양을 만든 찰떡

두고 먹어도 좋은 맛있는 떡

단풍잎찰떡

재료 및 분량

찹쌀가루 270g, 멥쌀가루 30g
물 4큰술(60g), 소금 ¼큰술(3g)
설탕 2½큰술(30g)
땅콩가루 10g, 보리새싹가루 1.5g
끓는 물 1큰술(15g)
헤이즐넛 커피가루 1.5g, 끓는 물 1큰술(15g)

시럽
꿀 ⅓컵(100g), 물 2큰술(30g)

식용유 2큰술(26g)

조리도구

16cm 냄비, 30cm 프라이팬, 약과틀
은행잎틀, 나뭇잎틀

Cooking Tip

• 부꾸미 위에 뜨거운 기름을 끼얹으면
여러 번 뒤집지 않아도 모양이 깔끔하
게 익는다.

1 쌀가루 섞기
찹쌀가루와 멥쌀가루에 소금을 넣고 고루
비벼 섞어서 체에 내린 다음, 설탕과
땅콩가루를 넣고 고루 섞는다. 쌀가루의
½ 양에는 보리새싹가루를 넣고, 나머지
쌀가루 ½ 양에는 헤이즐넛커피가루를 넣고
고루 섞는다. 냄비에 꿀과 물을 넣고 센 불
에 올려 끓으면 식혀서 시럽을 만든다.

2 떡반죽 밀기
색을 들인 반죽은 각각 끓는 물을 넣고
익반죽하여 밀대로 두께 0.7cm 정도로
밀어놓는다.

3 약과틀로 찍기
밀어놓은 떡반죽을 가로 · 세로 4cm 정
도의 약과틀로 찍는다.

4 나뭇잎 모양틀로 찍기
약과틀로 찍은 반죽 가운데를 나뭇잎
모양틀 또는 은행잎틀로 찍는다.

5 색 바꾸어 끼우기
사각형이 떠에 모양틀로 찍은 떡반죽을
서로 색을 바꾸어 넣는다.

6 떡 지지기 · 시럽 뿌리기
팬을 달구어 식용유를 두르고, 모양낸
반죽을 넣어 약불에서 앞면은 3~4분 정도
지지고, 뒷면은 3~4분 정도 더 지진다.
지진 떡을 그릇에 담고 시럽을 뿌린다.

두고 먹어도 좋은 맛있는 떡
딸기인절미

재료 및 분량

찹쌀가루 5컵(500g), 소금 ½큰술(6g)
생딸기 70g, 설탕 5큰술(60g)

카스텔라 고물
카스텔라 1개

조리도구

26cm 찜기, 믹서기, 강판
방망이, 실리콘패드

Cooking Tip

• 카스텔라 고물에 코코아가루를 섞어
도 딸기인절미와 잘 어울린다.
• 거피팥고물이나 녹두고물, 콩고물을
사용해도 좋다.

1 즙 만들기
딸기는 씻어 꼭지를 떼고 믹서에 갈아
딸기즙을 만든다.

2 찹쌀가루에 딸기즙 섞기
찹쌀가루에 소금을 넣고 딸기즙을 넣어
고루 섞은 다음 설탕을 넣고 훌훌 섞는다.

3 찹쌀가루 찌기
찜통에 물을 붓고 끓으면 찜기에 젖은
면포를 깔고 딸기 섞은 쌀가루를 안치
고, 김이 오른 후 20분 정도 찐다.

4 떡반죽 찧기
잘 쪄진 떡반죽을 방망이로 찧는다.

5 카스텔라 고물 만들기
카스텔라는 표면에 진한 색 부분을 떼어
내고 강판에 갈아 고물을 만든다.

6 고물 묻히기
인절미는 두께 2cm 정도로 평평하게
밀어 가로 4cm, 세로 2cm 정도로 자른
다음 카스텔라 고물을 묻힌다.

참쌀가루에 단호박과
견과류를 넣어 만든
찰떡파이

두고 먹어도 좋은 맛있는 떡
호박찰떡파이

재료 및 분량

찹쌀가루 3컵(300g), 소금 ¼큰술(3g)
베이킹파우더 ½작은술(1g)

단호박 200g, 설탕 1큰술(12g)

우유 5큰술(75g)
밤 2개(30g), 서리태 30g, 대추 2개(8g)
호두 5개(25g), 건포도 20g, 완두배기 20g
아몬드슬라이스 80g, 나파주시럽 40g
식용유 2큰술(26g)

조리도구

26cm 찜기, 오븐, 파이틀

Cooking Tip

• 오븐은 미리 예열하여 사용하고, 나파 주시럽을 바른 후에는 위치를 바꿔서 구워야 파이색이 고르게 된다.

• 파이틀에 기름을 고루 발라주어야 떼어 낼 때 모양이 잘 유지된다.

1 찹쌀가루 체에 내리기
찹쌀가루에 소금과 베이킹파우더를 넣고 고루 비벼 섞어서 체에 내린다.

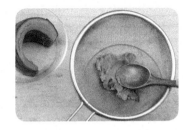

2 단호박 찌기
단호박은 깨끗이 씻어서 씨와 속을 파내고, 찜기에 물을 붓고 센 불에 올려 끓으면 단호박을 넣고 15분 정도 쪄서 체에 내린다.

3 부재료 손질하기
밤은 껍질을 벗기고 6~8등분한다. 서리태는 물에 8시간 정도 불린 다음 물기를 빼고, 대추는 젖은 면포로 닦고 돌려깎아서 밤과 같은 크기로 썬다. 호두도 같은 크기로 썬다.

4 반죽 만들기
찹쌀가루에 단호박과육과 설탕, 우유를 넣고 고루 섞어 반죽한 다음 서리태, 밤, 대추, 호두, 건포도, 완두배기 등을 넣고 고루 섞어 찰떡파이 반죽을 만든다.

5 파이틀에 반죽 담기
파이틀에 식용유를 고루 바르고 찰떡파이 반죽을 ⅔ 정도 채운 다음, 윗면에 아몬드 슬라이스를 고루 뿌린다.

6 찰떡 굽기
오븐은 250℃로 15분간 예열하고 찰떡파이를 넣은 다음, 200℃에서 20분 정도 구워 약한 갈색이 되면 꺼내어 나파주시럽을 바르고, 10~15분 정도 노릇한 갈색이 되도록 더 굽는다.

두고 먹어도 좋은 맛있는 떡

과일서예병(餠)

재료 및 분량

멥쌀가루 2컵(200g), 소금 ¾작은술(3g)
마 150g, 달걀 흰자 50g, 설탕 5큰술(60g)
치자물 1작은술(4g), 유자청 건더기 20g

장식용 떡고명
마 10g, 건파파야 10g, 유자청 건더기 10g
완두배기 5g, 설탕 10g

식용유

조리도구

26cm 찜기, 증편몰드

Cooking Tip

• 달걀 흰자에 설탕을 여러 번 나누어서
넣고 충분히 거품을 낸 뒤 떡반죽에
넣어야 떡의 질감이 무드립다.

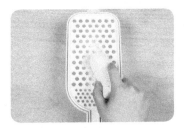

1 루 체에 내리기 · 마 갈기
멥쌀가루에 소금을 넣고 고루 섞어 체에
내린다. 마는 깨끗이 씻어 껍질을 벗겨
강판에 간다.

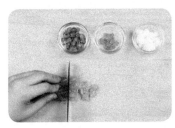

2 고명 만들기
건파파야는 지름 1cm 정도의 꽃 몰드에
찍고, 유자청 건더기는 0.5cm 길이로 썬
다. 고명용 마는 깨끗이 씻어 껍질을 벗
겨 0.5cm 크기로 썬다. 유자청 건더기는
잘게 다진다.

3 달걀 반죽 만들기
달걀 흰자에 설탕을 2~3번에 나누어 넣
으면서 거품기로 저어 거품을 만든다.

4 반죽 섞기
멥쌀가루에 갈아놓은 마와 설탕, 달걀
흰자, 치자물, 잘게 다진 유자청 건더기를
넣고 고루 섞는다.

5 증편틀에 반죽 넣기
증편틀에 기름을 바르고 반죽을 ⅔ 정도
만 넣는다.

6 떡반죽 찌기
반죽 위에 마, 긴파파야, 유자청 건더기,
완두배기를 넣는다. 찜통에 물을 붓고
센 불에서 물이 끓으면 떡반죽 담은
찜기를 찜통에 넣고 20분간 찐다.

몸을 이롭게 하는 건강떡
콩찰떡(쇠머리떡)

재료 및 분량

찹쌀가루 7컵(700g), 소금 ⅔큰술(8g)
서리태 300g
흑설탕 5큰술(60g)

조리도구

26cm 찜기, 원형떡틀, 냄비

Cooking Tip

- 서리태를 덜 삶으면 콩 비린내가 나고 푹 삶으면 맛이 없다.
- 서리가 내린 후에 수확하기 때문에 서리태라고 한나.

1 찹쌀가루 체에 내리기
찹쌀가루에 소금과 물을 넣고 고루 비벼 섞어서 체에 내린다.

2 서리태 손질하기
서리태는 물에 1시간 정도 불려 7분 정도 콩 비린내가 나지 않을 정도로 살짝 삶아 식힌다.

3 서리태 넣기
찜기에 면포를 깔고, 서리태–찹쌀가루 순서로 안쳐 평평하게 한다.

4 흑설탕 넣기
흑설탕을 고루 뿌린다.

5 쌀가루 넣기
4번에 찹쌀가루–서리태를 넣어 수평으로 평평하게 한다.

6 떡 찌기
찜통에 물을 붓고 끓으면, 찜기를 올려 김이 오른 후 20분 정도 찐다.

두고 먹어도 좋은 맛있는 떡

옥총떡케이크

재료 및 분량

멥쌀가루 3컵(300g), 소금 ¼큰술(3g)
양파 100g, 버터 6g

색
당근 ⅓개(50g), 단호박 100g
물 1~1⅓큰술(15~20g), 설탕 3큰술(36g)

장식용 떡고명
색절편

조리도구

26cm 찜기, 16cm 대나무찜기
28cm 프라이팬

Cooking Tip

• 기호에 따라 양파의 양은 가감할 수 있다.
• 흰 양파 대신 양파가루나 적양파를 사용하여 떡을 만들면 간편하고 자주색 설기떡을 만들 수 있다.

1 멥쌀가루 체에 내리기
멥쌀가루에 소금을 넣고 섞어서 체에 내린 다음 3등분한다.

2 당근·단호박 손질하기
당근은 씻어서 강판에 간 다음 면포에 짜서 당근즙을 만든다. 단호박은 씻어서 씨와 속을 긁어낸 다음 찜기에 쪄서 과육만 발라낸다.

3 양파 볶기
양파는 다듬어 씻어서 폭 0.1cm 정도로 채썬다. 팬을 달구어 버터를 넣고 채썬 양파를 넣어 색이 나게 볶는다.

4 멥쌀가루 색 들이기
멥쌀가루 하나는 물을 넣어 고루 섞고, 나머지 멥쌀가루에는 당근즙과 단호박 과육을 각각 넣고 고루 비벼 섞어서 체에 내린 다음. 설탕을 나누어 넣고 고루 섞어 체에 한 번 더 내린다.

5 쌀가루 넣기
대나무찜기에 밑을 깔고 노란색 멥쌀가루를 넣고, 평평하게 고루 편 다음 흰색 멥쌀가루를 넣고 평평하게 한다. 그 위에 볶은 양파를 고루 펴서 놓고, 주황색 멥쌀가루를 넣어 평평하게 한다.

6 떡 찌기
찜통에 물을 붓고 센 불에 올려 끓으면 찜기에 대나무찜기를 넣고 20분 정도 찐다. 떡 위에 꽃절편으로 꽃모양을 만들어 장식한다.

두고 먹어도 좋은 맛있는 떡

보라네찰떡

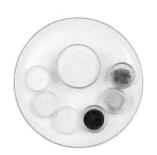

재료 및 분량

찹쌀가루 2컵(200g), 소금 ½작은술(2g)
우유 2큰술(30g), 연유 ½큰술(9.5g)
자색고구마가루 3g

소
흰 앙금 60g, 유자청 건지 20g

장식용 떡고명
색절편

조리도구

26cm 찜기, 사각모양 떡틀

Cooking Tip

• 냉동에서 너무 오래 굳히면 썰기 어려
우므로 겉만 살짝 얼려서 썬다.
• 자색고구마가루 대신 자색고구마를
쪄서 사용할 수 있다.

1 찹쌀가루에 체 내리기
찹쌀가루에 소금과 우유, 연유를 넣고
고루 비벼 섞어서 체에 내린다.

2 소 만들기
유자청은 곱게 다진다. 흰 앙금에 다진
유자청을 넣고 섞어 길이 2cm, 폭 1cm
정도로 빚어 소를 만든다.

3 떡 쪄서 색 들이기
찜통에 물을 붓고 센 불에 올려 끓으면
찜기에 젖은 면포를 깔고 찹쌀가루를 넣
어 15분 정도 찐 다음 꽈리가 생기도록
방망이로 쳐서 2등분한다. ½ 양은 그대
로 두고 나머지 ½ 양에 자색고구마가루
를 넣고 쳐서 색을 들인다.

4 떡반죽 밀어서 겹치기
떡반죽은 각각 밀대로 두께 0.5cm 정도
로 밀어 편 다음 두 가지 색을 여러 번
겹쳐 섞어 이중색을 만든다.

5 떡 썰기
사각형 떡틀에 비닐을 깔고 칠떡을 넣어
랩으로 싼 다음, 냉동실에 넣고 1~2시간
정도 얼린 뒤 가로 5cm, 세로 4cm, 폭
0.5cm 정도로 썬다.

6 소 넣고 말기
썰어놓은 적고구마떡에 빚어놓은 소를
넣고, 둥글게 말아서 3cm 정도의 크기로
썰어 꽃절편으로 꽃모양을 만들어 떡 위
에 장식한다.

두고 먹어도 좋은 맛있는 떡
들깨절편

재료 및 분량

멥쌀가루 4컵(400g), 소금 ½큰술(6g)
물 1컵(200g)
들깻가루 2큰술(12g)
생 통들깨 2큰술(14g)

조리도구

26cm 찜기, 사각떡틀, 실리콘패드, 떡살

Cooking Tip

- 볶지 않은 생통들깨를 사용해야 한다. 볶은 들깨를 사용할 경우 쌉쌀한 맛이 난다.
- 기호에 따라 통들깨만 사용하거나, 들깻가루로만 사용해도 된다.

1 멥쌀가루 체에 내리기
멥쌀가루에 소금을 넣고 고루 비벼 섞어서 체에 내린다.

2 멥쌀가루에 들깻가루 섞기
쌀가루에 들깻가루, 통들깨를 넣고 고루 섞은 뒤 물로 수분을 준다.

3 떡 찌기
찜통에 물을 붓고, 끓으면 찜기에 젖은 면포를 깔고 쌀가루를 안친 뒤 김이 오른 후 15~20분 정도 찐다.

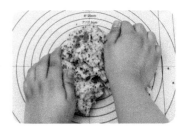

4 떡반죽 치대기
잘 쪄진 떡반죽을 꺼내 충분히 주물러 치댄다.

5 떡 모양내기
충분히 치댄 떡반죽은 반대기를 지어 둥근 떡살로 찍거나 긴 떡살로 찍어 문양을 낸다.

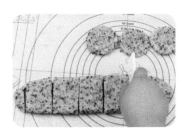

6 떡 자르기
긴 떡살로 찍은 떡은 적당한 크기로 자르고 둥근 떡살로 찍은 떡은 그냥 낸다.

유자청과 밤을 듬뿍 넣어
만든 찰떡

두고 먹어도 좋은 맛있는 떡
유자밤찰떡

재료 및 분량

찹쌀가루 3컵(300g), 소금 ¼큰술(3g)
물 2큰술(30g), 설탕 2½큰술(30g)

밤 5개(75g)
유자청 건지 30g, 설탕 1⅔큰술(20g)
물 ½컵(100g)
치자물 1작은술(치자 1개＋물 ⅔큰술)

유자소스
물 8큰술(120g), 유자청 25g
설탕 2½큰술(30g), 소금 0.2g
한천가루 0.5g
녹말물 2큰술(청포묵녹말 1큰술＋물 1큰술)
식용유 ½큰술(6.5g)

조리도구

26cm 찜기, 16cm 냄비, 구름떡틀

Cooking Tip

- 쌀가루를 찔 때 젖은 면포에 설탕을 조금 뿌리면 달라붙지 않는다.
- 새콤달콤한 떡이므로 여성들과 아이들이 좋아한다.

1 찹쌀가루 체에 내려 찌기
찹쌀가루에 소금과 물을 넣고 고루 비벼 섞어서 체에 내린 다음 설탕을 넣고 고루 섞는다. 찜통에 물을 붓고 센 불에 올려 끓으면 찜기에 젖은 면포를 깔고 찹쌀가루를 넣고 고루 펴서 20분 정도 찐다.

2 밤 조리기 · 유자소스 끓이기
밤은 씻어서 껍질을 벗기고 6~8등분 한다. 냄비에 밤과 설탕, 물, 치자물을 넣고 센 불에 올려 끓으면 약불로 낮추어 10분 정도 조린다. 냄비에 유자소스 재료를 넣고 센 불에 올려 끓으면 중불로 낮추어 3분 정도 더 끓인 뒤 조린 밤과 유자청 건지를 넣고 섞는다.

3 떡반죽 만들기
찐 떡은 방망이로 꽈리가 생기도록 쳐서 떡반죽을 만들어 평평하게 반대기를 짓는다.

4 떡틀에 유자소스 뿌리기
떡틀에 비닐을 깔고 식용유를 바른 뒤 떡반죽을 넣고 유자소스를 넣은 다음 비닐로 싼다.

5 찰떡 만들기
유자소스를 넣은 떡틀에 떡반죽을 넣고 랩으로 싼다.

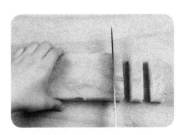

6 떡 냉동하여 썰기
떡들을 랩으로 싸서 냉동고에 넣고 1~2시간 정도 두었다가 폭 1.5cm 정도로 썬다.

두고 먹어도 좋은 맛있는 떡
녹차통팥떡케이크

재료 및 분량

멥쌀가루 3컵(300g), 녹차가루 6g
소금 ¼큰술(3g), 설탕 3큰술(36g)
물 4큰술(60g)

단호박 80g

통팥조림
삶은 팥 120g(붉은팥 60g, 팥 삶는 물 ¾컵)
소금 ¼작은술(1g), 설탕 1½큰술(18g)
판젤라틴 1장(1.8g), 연유 1큰술(19g)
물 ½컵(100g)

장식용 떡고명
밤 1개(15g), 설탕 1큰술(12g), 물 ¼컵(50g)

조리도구

26cm 찜기, 16cm 대나무찜기, 16cm 냄비

Cooking Tip

• 설탕은 떡을 찌기 직전에 넣고 섞어야
  떡이 질어지지 않는다.
• 통팥은 너무 퍼지지 않게 삶는다.

1 멥쌀가루에 녹차가루 섞기
멥쌀가루에 소금과 녹차가루를 넣고 물
을 넣고 고루 비벼 섞어서 체에 내린다.
설탕을 넣고 고루 섞어 체에 한 번 더 내
린다.

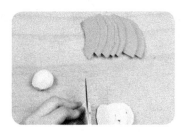

2 단호박·밤 손질하기
단호박은 씨와 속을 긁어내고 껍질을 벗
긴 다음 두께 0.3cm 정도로 썬다. 밤은
껍질을 벗기고 두께 0.5cm 정도로 썰어
냄비에 넣고, 설탕과 물을 붓고 센 불에
올려 끓으면 3분 정도 조려 모양틀로 찍
어 밤고명을 만든다.

3 통팥소스 만들기
냄비에 붉은팥을 삶아 소금, 설탕, 젤라
틴, 물, 연유를 넣고 센 불에 올려 끓으면
약불로 낮추어 2분 정도 끓여 통팥조림
을 만든다.

4 쌀가루 채우기
대나무찜기에 밑을 깔고 쌀가루의 ½ 양
을 넣고 고루 펴서 평평하게 한 다음,
썰어놓은 단호박을 고루 펴서 넣는다.
그 위에 나머지 쌀가루의 ½ 양을 넣고
수평으로 평평하게 한다.

5 떡 찌기
찜통에 물을 붓고 센 불에 올려 끓으면
찜기에 대나무찜기를 넣고 센 불에 올려
20분 정도 찐다.

6 장식하기
떡이 한 김 식으면 둘레에 떡띠를 두르
고, 윗면에 통팥조림을 넣어 고루 편 다
음 모양틀로 찍은 밤고명으로 장식한다.

두고 먹어도 좋은 맛있는 떡

오월애(愛)

재료 및 분량

멥쌀가루 2컵(200g), 소금 ½작은술(2g)
물 4큰술(60g)

흑미가루 1½컵(150g), 소금 ⅛작은술(1.5g)
물 3큰술(45g)

고명색
쑥가루 1g, 치자물 · 딸기가루물 적당량

식용유 ½큰술(6.5g)

조리도구

26cm 찜기, 나무떡살, 5cm 원형몰드

Cooking Tip

• 각 색은 진하지 않게 물들인다.
• 떡반죽을 많이 치대야 떡의 질감이
  쫄깃하다.

1 멥쌀가루 체에 내리기
멥쌀가루와 흑미가루에 각각 소금과
물을 넣고 고루 비벼 섞어서 체에 내
린다.

2 떡 찌기
찜통에 물을 붓고 센 불에 올려 끓으면
찜기에 젖은 면포를 깔고, 쌀가루와 흑미
가루를 각각 넣고 쌀가루는 15분, 흑미
쌀가루는 30분 정도 찐다.

3 떡반죽 색 들이기
떡이 뜨거울 때 끈기가 생기도록 치대
어 반죽을 만들고 흰색 반죽의 ¼ 양에
각각 쑥가루, 치자물, 딸기가루물을
넣고 섞어서 치대어 색을 들인다.

4 떡반죽 모양내기
나머지 흰색 떡반죽과 흑미 떡반죽은 밀
대로 두께 0.5cm 정도로 밀어 펴서 직
경 5cm 정도의 둥근 틀로 찍어 모양을
낸다.

5 고명 만들기
복숭아 모양의 떡살에 식용유를 바르고
노란색 떡반죽과 분홍색 떡반죽을 섞어
서 떡살에 넣어 붙이고 녹색 떡반죽은
잎모양의 떡살에 붙인다.

6 고명 붙이기
흰 떡반죽과 흑미떡반죽 위에 각각 고명
을 붙여 장식한 다음 기름을 바른다.

두고 먹어도 좋은 맛있는 떡
흑미물결찰떡

재료 및 분량

검은색
찹쌀가루 4컵(400g), 흑미가루 3컵(300g)
소금 ⅔큰술(8g)

흰색
찹쌀가루 2컵(200g), 소금 ⅔작은술
호두 30g, 잣 2큰술

조리도구

26㎝ 찜기, 스텐떡틀, 실리콘패드

Cooking Tip

• 물결무늬를 낼 때 쪄진 찹쌀떡을 너무 늘려서 얇게 누르면 물결무늬가 가늘게 나오므로 너무 얇게 누르지 말아야 한다.

1 찹쌀가루에 흑미가루 섞기
찹쌀가루에 흑미가루를 넣고 고루 섞은 다음 소금을 넣는다.

2 수분 주고 체에 내리기
섞은 찹쌀가루와 흑미가루를 물로 수분을 준 다음 비벼서 체에 내리고, 찹쌀가루도 소금을 넣고, 물로 수분을 맞춰 체에 내린다.

3 부재료 손질하기
호두는 4등분하고, 잣은 고깔을 뗀 다음 함께 섞는다.

4 부재료 섞기
수분을 준 찹쌀가루와 흑미가루에 호두와 잣을 섞는다.

5 떡 찌기
찜통에 물을 붓고 끓으면, 찜기에 젖은 면포를 깔고 찹쌀가루와 흑미가루를 각각 올려 김이 오른 후 20분 정도 찐다.

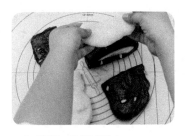

6 떡반죽 모양내어 굳히기
충분히 쪄진 떡을 각각 치대어 1cm 정도의 두께로 길게 반대기를 짓고, 흑미 떡과 흰색 떡을 켜켜이 겹쳐 접으면서 물결무늬를 낸 다음 스텐틀에 비닐을 끼고 기름을 바른 후, 찰떡을 채운 뒤 급속 냉동한다.

두고 먹어도 좋은 맛있는 떡

유자약식(약반)

재료 및 분량

찹쌀 3컵(300g)

소금물
소금물 : 소금 ⅓작은술, 물 ⅓컵
밤 3개, 대추 4개, 호두 3개, 잣 1큰술

약식양념
소금 1작은술, 치자물 5큰술
유자청 5큰술
꿀 2큰술, 설탕 2큰술

조리도구

26cm 찜기, 중탕볼, 약식틀

Cooking Tip

• 부재료를 섞은 약식을 찜기에 찌는 것
보다 끓는 물에 중탕하는 것이 부드럽
고 맛이 있다.
• 찹쌀을 불릴 때 치자물로 불려도 된다.

1 쌀 불리기
찹쌀은 깨끗이 씻어 3시간 정도 불린 후
체에 밭쳐 물기를 뺀다.

2 부재료 손질하기
밤은 껍질을 벗겨 4~6등분하고, 대추는
돌려깎아 4~6등분한다. 호두는 4~6등
분하고, 잣은 고깔을 뗀다. 유자청은
곱게 다진다.

3 찹쌀 찌기
찜통에 물을 붓고 센 불에 올려 끓으면,
찜기에 젖은 면포를 깔고 불린 찹쌀을
넣고, 30분 정도 찐 다음 소금물을 고루
끼얹고, 나무주걱으로 섞어서 30분 정도
더 찐다.

4 약식 양념 섞기
찐 찹쌀이 뜨거울 때 약식 양념을 넣고
고루 섞는다.

5 부재료 섞기
준비한 밤, 대추, 호두, 잣을 넣고 골고루
섞는다.

6 중탕하고 모양 만들기
볼에 양념한 약식을 담고 끓는 물에
중탕으로 1시간 정도 찐 다음, 약식틀에
약식을 채워 넣고 꼭꼭 눌러 모양을
만든다.

떡 속에 건과일이 들어간
과일 증편

두고 먹어도 좋은 맛있는 떡
과일방울증편

재료 및 분량

멥쌀가루 4컵(400g), 소금 1작은술(4g)
막걸리 8큰술(120g), 이스트 8g
물 8큰술(120g), 설탕 6큰술(72g)
소금 1작은술(4g)

건키위 10g, 건살구 10g, 건파인애플 10g

식용유 1작은술(5g)

장식용 떡고명
건과일

조리도구

26cm 찜기, 16cm 냄비, 증편틀

Cooking Tip

• 증편반죽을 발효시킬 때 투명 그릇에 담으면 부풀어 오르는 것을 볼 수 있다.
• 증편반죽은 그릇에 담고 랩으로 감싸서 공기가 들어가지 않도록 한다.

1 멥쌀가루 체에 내리기
멥쌀가루를 중간체에 내린 다음 고운체에 한 번 더 내리고, 건과일은 가로·세로 0.5cm 정도의 크기로 썬다.

2 증편반죽 만들기
막걸리에 물과 설탕, 이스트를 넣고 섞어서 기포가 생기면 소금을 넣고 녹을 때까지 저어서, 멥쌀가루에 넣고 고루 섞어 증편반죽을 만든다.

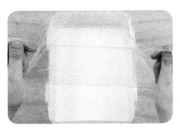

3 증편반죽 1차 발효시키기
그릇에 증편반죽을 넣고 랩으로 싼 다음 전기장판(온도 4에 고정)을 덮어 1시간 30분 정도 1차 발효를 시킨다.

4 가스 빼고 2차 발효시키기
증편반죽이 2~3배로 부풀면 나무주걱으로 고루 저어서 1차로 가스를 빼고, 다시 증편반죽 그릇을 랩으로 싼 다음 전기장판을 덮어 50분 정도 2차 발효를 시켜 2차로 가스를 뺀다.

5 증편틀에 반죽 넣기
증편틀 속에 식용유를 살짝 바르고 증편반죽을 ⅓ 정도 채운 다음, 건과일의 ⅔ 양을 나누어 넣고 다시 증편반죽을 ⅓ 정도 채운다. 기포가 있으면 증편틀을 들었다 내리며 공기를 뺀다.

6 반죽 찌기
찜통에 물을 붓고 센 불에 올려 물의 온도가 80~85℃ 정도 되면, 찜기에 증편 반죽틀을 넣고 약불로 낮추어 5분 정도 두었다가 반죽이 부풀어오르면 가운데 건과일을 올리고 센 불로 올려 15~20분간 찌고 건과일을 고명으로 올려 약불에서 5분 정도 뜸을 들인다.

두고 먹어도 좋은 맛있는 떡

에스프레소찰떡

재료 및 분량

찹쌀가루 3컵(300g), 소금 ¾작은술(3g)

에스프레소 시럽

에스프레소 커피 20g

인스턴트 커피가루(블랙) 1큰술(3g)

헤이즐넛 커피가루 ⅔큰술(3g)

설탕 1½큰술(18g), 우유 ⅔큰술(10g)

끓는 물 2큰술(30g)

아몬드 25g, 건포도 10g, 호두 2작은술(15g)

식용유 ½큰술(6.5g)

조리도구

26cm 찜기, 구름떡 틀

Cooking Tip

• 스테인리스 틀에 찰떡을 넣고 굳힐 때
비닐을 깔고 떡을 넣은 다음 냉동해서
굳히면 달라붙지 않아 식용유를 바르
지 않아도 된다.

1 에스프레소 시럽 만들기
에스프레소 시럽 재료를 한데 넣고 설탕
이 녹을 때까지 저어 시럽을 만든다.

2 찹쌀가루에 에스프레소 시럽 섞기
찹쌀가루에 소금과 에스프레소 시럽을
넣고 고루 비벼 섞어서 체에 내린다.

3 견과류 찌기
찜통에 물을 붓고 센 불에 올려 끓으면
찜기에 젖은 면포를 깔고 아몬드와 건포
도, 호두를 넣고 3분 정도 쪄서 표면을
촉촉하게 한다.

4 쌀가루에 견과류 섞기
에스프레소 시럽을 섞은 찹쌀가루에
찐 견과류를 넣고 고루 섞는다.

5 떡 찌기
찜통에 물을 붓고 센 불에 올려 끓으면
찜기에 젖은 면포를 깔고 쌀가루를 고루
펴서 넣고 15분 정도 찐다.

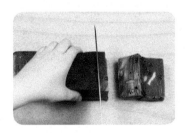

6 떡 썰기
스테인리스 사각틀에 비닐을 깔고 식용
유를 바르고 떡반죽을 넣은 다음 랩으로
싸서 냉동실에 넣고 1~2시간 정도 얼린
다음 폭 1~1.5cm 정도로 썬다.

두고 먹어도 좋은 맛있는 떡

보리싹차륜병

재료 및 분량

찹쌀가루 ½컵 (50g), 소금 ⅛작은술(0.5g)
물 ⅓큰술(5g)

흰 앙금 100g, 찐 거피팥 50g

색
보리순가루, 찐 단호박

소
흰 앙금 50g, 거피팥 20g, 찐 자색고구마 5g
옥수수전분 2큰술

조리도구

26cm 찜기, 떡살

Cooking Tip

• 찹쌀반죽에 흰 앙금과 거피팥을 넣고
섞은 다음 여러 번 치대야 잘 섞이고
반죽이 곱다.

1 쌀가루 체에 내려 떡 찌기
찹쌀가루에 소금과 물을 넣고 고루
비벼 섞어 체에 내린다. 찜통에 물을 올려
센 불에서 끓으면 찜기에 젖은 면포를
깔고 쌀가루를 넣어 15분간 찐다.

2 반죽 치대기
흰 앙금과 찐 거피팥은 프라이팬에 보슬
하게 볶아 체에 내려 준비한 찹쌀반죽과
섞어 여러 번 치댄다. 떡반죽을 2등분하
여 보리순가루와 찐 단호박을 넣고 각각
의 색을 들인다.

3 소 만들기
흰 앙금에 거피팥, 자색고구마를 섞어
동그랗게 소를 만든다.

4 색 들인 반죽 붙이기
각각의 색을 들인 반죽을 조금씩 떼어서
두 가지 색을 서로 합친다.

5 떡반죽에 소 넣기
두 가지 색을 합친 반죽에 소를 넣고
네모지게 만든다.

6 떡살로 찍기
떡반죽 표면에 옥수수전분을 묻히고,
떡살로 찍어 모양을 낸다.

(사)한국전통음식연구소 윤숙자 교수가
색다르게 디자인한 **아름다운 퓨전떡**

Part.4

신바람나는
솜씨 자랑떡

질시루새싹떡 • 과일조각떡케이크 • 초롱사과떡케이크 • 구슬떡

삼색보슬이병(餠) • 꽃바람떡 • 삼색아련설기 • 떡마카롱

앵두떡케이크 • 오색사탕떡 • 쌍개피떡(뽀뽀떡)

연꽃둥지떡 • 회오리꽃떡 • 홍국수박설기 • 요구르트무스떡케이크

색동서끄리떡(餠) • 햇살소각떡

신바람나는 솜씨 자랑떡
질시루새싹떡

재료 및 분량

멥쌀가루 1½컵(150g), 찹쌀가루 ½컵(50g)
소금 ½작은술(2g)
물 3~3⅓큰술(45~50g)

소
찐 거피팥 100g, 흰팥앙금 40g
유자청 건지 6g, 소금 ⅛작은술(0.5g)
포도가루 12g

고명
잣 1작은술(3.5g), 건포도 5g

와인시럽
포도주스 ½컵(100g), 한천 1g(불린 것 10g)
백포도주 ¼컵(50g), 설탕 1큰술(12g)
소금 0.3g
녹말물 10g(동부녹말 1작은술 + 물 ⅔큰술)

조리도구

26cm 찜기, 16cm 냄비

Cooking Tip

• 포도가루 대신 포도원액을 사용해도 좋다.

1 쌀가루 체에 내리기
멥쌀가루에 찹쌀가루와 소금을 넣고 고루 비벼 섞어서 체에 내린 다음 물을 넣고 고루 섞는다. 찜통에 물을 붓고 센 불에 올려 끓으면 찜기에 젖은 면포를 깔고 쌀가루를 넣어 15분 정도 찐 다음 치대어 떡반죽을 만든다.

2 소 빚기
거피팥고물에 흰팥앙금과 유자청 건지 다진 것과 소금을 넣고 고루 섞은 다음. 4g씩 떼어 동그랗게 소를 만든다.

3 색 들이기
찐 떡을 치대어 떡반죽을 만들고 2등분하여 ½ 양은 흰 떡, 나머지 ½ 양에는 포도가루를 넣고 고루 색을 들인다. 포도색 떡과 흰색 떡을 나란히 붙이고 밀대로 두께 0.5cm 정도로 다시 밀어 펴서 길이 6cm, 폭 3cm 정도로 자른다.

4 떡 만들기
떡반죽의 가운데 소를 넣고 둥글게 말아 양끝을 붙여 새싹떡을 만든다.

5 와인시럽 만들기
냄비에 포도주스와 한천을 넣고 끓여서 한천이 녹으면 백포도주수와 설탕, 소금을 넣고 중불에서 3~5분 정도 끓이다가 녹말물을 넣고 약불로 낮추어 2~3분 정도 더 끓인다.

6 시럽 넣고 장식하기
새싹떡 가운데 와인시럽을 채워 넣고 굳으면 잣과 건포도로 떡 위를 장식한다.

과일조각떡케이크

재료 및 분량

멥쌀가루 2컵(200g), 소금 ½작은술(2g)
자색고구마가루 2작은술(5g)
설탕 1큰술(12g), 물 2⅔큰술(40g)

고구마크림

찐 고구마 100g, 생크림 1큰술(18g)
크림치즈 30g, 소금 0.5g

장식용 크림·과일

생크림 100g, 키위 ¼쪽, 오렌지 1조각
딸기 ½개

조리도구

26cm 찜기, 사각떡틀

Cooking Tip

· 과일은 봄, 여름, 가을, 겨울에 나는
  제철과일을 이용한다.
· 자색고구마가루는 기호에 따라 가감
  할 수 있다.

1 쌀가루 체에 내리기
멥쌀가루에 소금과 자색고구마가루,
물을 넣고 고루 비벼 체에 내린 다음
설탕을 넣고 섞어 체에 한 번 더 내린다.

2 떡 찌기
찜통에 물을 올려 센 불에서 끓으면 찜기
에 젖은 면포를 깔고, 스테인리스 사각
틀을 넣고 자색고구마쌀가루를 넣고 수평
으로 평평하게 한 다음, 6등분하여 센 불
에서 15분 정도 찐다.

3 고구마크림 만들기
찐 고구마는 으깨어 소금과 생크림, 크
림치즈를 섞는다. 키위는 껍질을 벗겨
반을 갈라 두께 1cm 크기로 썰고 오렌지
와 딸기도 같은 크기로 썬다.

4 장식용 생크림 만들기
생크림을 거품기로 3~5분 정도 저어 부드
러운 크림을 만든다.

5 떡 사이에 고구마크림 넣기
떡이 식었으면 고구마크림을 넣고 평평
하게 만든 다음 윗면에 떡을 올린다.

6 생크림·과일 장식하기
떡 윗면에 생크림으로 장식한 다음 썰어
놓은 과일을 올린다.

신바람나는 솜씨 자랑떡

초롱사과떡케이크

재료 및 분량

멥쌀가루 3컵(300g), 소금 ¼큰술(3g)
사과 ⅓개(80g), 설탕 2½큰술(30g)

고명
사과 ½개(100g), 설탕 5큰술(60g)
뽕잎가루 1g
치자물 1작은술(치자 1개 + 물 1큰술)
딸기가루물 1작은술(딸기가루 1g + 물 1작은술)

사과시럽
한천가루 0.5g
녹말물 1큰술(청포묵녹말 ½큰술 + 물 ⅔큰술)
물 ¼컵(50g), 사과주스 ½컵(100g)
사과잼 20g, 소금 0.2g, 설탕 1큰술(12g)

조리도구

26cm 찜기, 16cm 대나무찜기, 16cm 냄비
케이크용 띠

Cooking Tip

• 사과를 설탕에 너무 오래 재워두면 아삭
  거리지 않는다.
• 사과시럽은 따뜻할 때 부어야 윗면이 고르
  게 된다.

1 멥쌀가루에 사과즙 넣고 섞기
사과는 껍질째 깨끗이 씻어서 잘게 썰어
믹서에 넣고 곱게 간다.
멥쌀가루에 소금과 갈아놓은 사과를
넣고 고루 비벼 섞어서 체에 내린다.

2 사과 색 들이기
고명용 사과는 씻어서 껍질을 벗기고
가로 · 세로 0.5㎝ 크기로 썰어 3등분하
고, 설탕을 나누어 섞은 다음 뽕잎가루
와 치자물, 딸기가루물을 각각 넣고 10분
정도 색을 들인 다음 체에 밭쳐 물기를
뺀다.

3 떡 찌기
대나무찜기에 밑을 깔고, 준비한 쌀가루
를 넣고 윗면을 수평으로 평평하게 한
다. 찜통에 물을 붓고 센 불에 올려 물이
끓으면, 찜기에 대나무찜기를 넣고 20분
정도 찐다.

4 사과시럽 끓이기
냄비에 사과시럽 재료를 함께 넣고 고루
섞어서 센 불에 올려 끓으면, 중불로
낮추어 2분 정도 끓이다가 약불로 낮추
어 3분 정도 더 끓여 사과시럽을 만들어
한 김 식힌다.

5 고명 올리기
찐 떡케이크가 식으면 둘레에 케이크용
띠를 두르고, 떡 위에 설탕에 절인 사과
를 올려 고루 편다.

6 시럽 붓기
떡케이크 위에 사과시럽을 고루 부어
식힌다.

신바람나는 솜씨 자랑떡
구슬떡

재료 및 분량

멥쌀가루 5컵(500g), 소금 ½큰술(6g)
설탕 8큰술(96g)

색내기
딸기가루물 ½작은술(딸기가루 2작은술
＋물 1작은술), 쑥가루 1작은술(2g)

딸기잼 3큰술(60g)

조리도구

26cm 찜기, 구슬떡틀

Cooking Tip

• 딸기잼 외에 포도잼, 사과잼, 복숭아
  잼 등 기호에 따라 다양하게 넣을 수
  있다.
• 쌀가루에 치자물을 들이면 노란색
  구슬떡을 만들 수 있다.

1 멥쌀가루 체에 내리기
멥쌀가루에 소금을 넣고 고루 비벼 섞어
서 체에 내리고, 3등분한다.

2 멥쌀가루에 색 내기
3등분한 쌀가루에 딸기가루, 쑥가루를
넣어 각각 색을 낸다.

3 멥쌀가루에 수분 주기
3가지 쌀가루에 물로 각각 수분을 준다.

4 쌀가루 체에 내리기
수분을 준 3가지 쌀가루를 각각 체에
내린다.

5 딸기잼 넣기
둥근 모양의 원형몰드에 3가지 색의 쌀
가루를 반 정도 채우고, 딸기잼을 넣고
나머지 쌀가루로 위를 덮은 다음 찜기에
넣는다.

6 떡 피기
찜통에 물을 붓고 끓으면, 찜기를 올려
김이 오른 후 20분 정도 찐다.

삼색 앙금을 체에 내려거
보슬보슬한 고물에 굴려먼
찰떡

삼색보슬이병(餠)

재료 및 분량

찹쌀가루 2컵(200g), 소금 ½작은술(2g)
물 1⅓큰술(20g)

꿀 1큰술(19g)

소
찐 녹두 100g, 소금 ¼작은술(1g)
설탕 1큰술(12g)

고물
흰 앙금 150g
(치자물, 녹차가루, 찐 자색고구마 적당량)
물엿 1큰술(19g)

장식용 떡고명
꽃절편

조리도구

26cm 찜기, 30cm 프라이팬

Cooking Tip

• 앙금을 체에 내린 다음 누르지 말고
  보슬보슬한 상태에서 굴린다.

1 찹쌀가루 찌기 · 소 만들기
찹쌀가루에 소금과 물을 넣고 고루 비벼 체에 내린다. 찜통에 물을 올려 끓으면 찜기에 젖은 면포를 깔고 찹쌀가루를 넣고 15분간 찐다. 찐 녹두에 소금, 설탕을 넣고 동그랗게 소를 만든다.

2 고물 만들어 색 들이기
흰 앙금에 물엿을 넣고 고루 섞어 3등분 하여 각각 3가지의 색을 들인다.

3 고물 볶기
색 들인 고물을 팬에 넣고 중불에서 3∼5분간 볶아 체에 내린다.

4 떡반죽 치기 · 소 넣기
찐 찹쌀반죽을 방망이로 꽈리가 일도록 친 다음 밤알 크기로 떼어 소를 넣고 오므려 동그랗게 만든다.

5 단자에 고물 묻히기
단자에 꿀을 얇게 바르고 각색 앙금 고물을 각각 묻힌다.

6 단자에 장식하기
앙금 고물 묻힌 단자에 꽃절편으로 꽃모양을 만들어 떡 위에 장식한다.

절편 속에 바람이
가득 들어 있는 꽃바람떡

신바람나는 솜씨 자랑떡

꽃바람떡

재료 및 분량

멥쌀가루 2컵(200g), 찹쌀가루 ½컵(50g)
소금 2.5g, 물 3⅓큰술(50~55g)

색
딸기가루물 1g, 치자물 1g, 포도가루 2g

소
흰 앙금 100g, 분태땅콩 20g

장식용 떡고명
꽃절편
참기름 1큰술(13g)

조리도구

26cm 찜기, 꽃모양틀

Cooking Tip

- 멥쌀가루에 찹쌀가루를 조금 섞어도
  좋다.
- 소에 땅콩 대신 호두를 다져 넣어도
  좋다.
- 포도가루 대신 포도즙 원액을 사용해
  도 좋다.

1 쌀가루 체에 내리기
멥쌀가루와 찹쌀가루에 소금을 넣고 체
에 내린 다음 물을 넣고 골고루 비벼
섞는다.

2 떡반죽 찌기
찜통에 물을 붓고 센 불에 올려 물이 끓
으면 찜기에 젖은 면포를 깔고 쌀가루를
넣고 15~20분간 찐다.

3 소 만들기
흰 앙금에 분태땅콩을 넣고 섞어 동그
랗게 소를 만든다.

4 색 들이기
찐 떡이 뜨거울 때 떡반죽을 3등분하여
딸기물, 치자물, 포도가루를 각각 넣고
섞어 색을 들인다.

5 떡반죽 밀대로 밀기
각각의 색을 들인 떡반죽을 밀대를 이용
해서 0.5cm 두께로 민다.

6 떡모양 만들기
떡반죽 위에 소를 넣고 떡을 반으로 접어
꽃모양틀로 찍고 꽃절편으로 꽃모양을
만들어 장식한 뒤 기름을 바른다.

삼색아련설기

재료 및 분량

멥쌀가루 3컵(300g), 소금 ¼큰술(3g)
설탕 3큰술(36g)

삼색 들이기
찐 단호박 30g
쑥가루 2g, 물 2큰술(30g)
당근 50g, 물 20g

아몬드가루 10g, 호두 20g

고물
코코아가루 5g, 카스텔라 40g

장식용 떡고명
장미꽃떡

조리도구

26cm 찜기, 16cm 대나무찜기

Cooking Tip

• 떡은 찌기 전에 칼집을 넣어야 단면이
  깨끗하다.
• 코코아가루 대신 흑임자가루를 사용
  하기도 한다.

1 멥쌀가루 체에 내리기
멥쌀가루에 소금을 넣고 고루 섞어 체에
내린 다음 3등분한다.

2 멥쌀가루 색 들이기
노란색은 쌀가루에 찐 단호박을 넣고,
초록색은 쌀가루에 쑥가루와 물을 넣고
고루 비벼 섞어서 체에 내린다. 주황색
은 믹서에 당근과 물을 넣고 갈아 꼭 짜
서 당근즙을 만들어 쌀가루에 넣고 고루
비벼 체에 내린다.

3 견과류 섞기
색을 들인 쌀가루에 아몬드가루, 다진
호두, 설탕을 각각 나누어 넣고 고루 섞
는다.

4 떡고물 만들기
카스텔라는 겉의 갈색은 저며내고 노란
부분만 체에 내려 고물을 만든다.

5 찜기에 쌀가루 넣기
대나무찜기에 밑을 깔고 떡고물의 ½
양을 넣고 고루 편 다음, 초록색 쌀가루
를 넣고 평평하게 한다. 그 위에 코코아
가루 ½ 양을 고루 뿌리고 주황색 쌀가
루, 코코아가루, 노란색 쌀가루를 넣고
고루 편 다음 나머지 떡고물 ½ 양을
넣고 수평으로 평평하게 한다.

6 칼집 넣어 찌기
쌀가루에 원하는 대로 칼집을 넣는다.
찜통에 물을 붓고 센 불에 올려 끓으면
찜기에 대나무찜기를 넣고 20분 정도 찐
다음 꽃절편으로 장미꽃떡을 만들어
떡 위에 올린다.

떡마카롱

재료 및 분량

멥쌀가루 4컵(400g), 찹쌀가루 1컵(100g)
녹차가루 1작은술(2g)
소금 ½큰술(6g), 버터 1큰술(30g)
우유 ⅓컵(67g)

녹차크림

휘핑크림 100g, 크림치즈 80g, 흰 앙금 70g
녹차가루 ½큰술(3g), 설탕 1큰술(12g)

소

녹차크림, 팥앙금 50g

조리도구

26cm 찜기, 5cm 원형몰드, 짤주머니
별모양 깍지

Cooking Tip

• 녹차크림을 만들 때 농도가 질거나 되면
  모양이 예쁘지 않으므로 농도를 잘 맞
  춘다.
• 녹차와 통팥이 잘 어울리는 떡이다.

1 쌀가루에 녹차가루 섞기
멥쌀가루와 찹쌀가루에 녹차가루와
소금을 넣고 고루 비벼 섞는다.

2 쌀가루 체에 내리기
쌀가루에 버터와 우유로 수분을 주고,
체에 내린다.

3 떡 찌기
찜기에 젖은 면포를 깔고 원형틀을 올
린 후 쌀가루를 평평하게 안치고, 찜통
에 물을 붓고 끓으면, 김이 오른 후 15
분 정도 찐다.

4 떡모양 만들기
다 쪄진 떡은 한 김 식혀서, 5cm의 둥근
몰드로 찍어낸다.

5 녹차크림 만들기
볼에 휘핑크림과 크림치즈, 녹차가루를
넣고 단단하게 휘핑하여 녹차크림을
만들고, 짤주머니에 넣어 식은 떡 위에
녹차크림을 둥글게 짜 넣는다.

6 떡 사이에 소 넣어 완성하기
가운데 팥앙금을 올린 다음 떡마카롱
으로 위를 덮는다.

앵두소스를 얹어 만든
사랑스러운 떡케이크

신바람나는 솜씨 자랑떡

앵두떡케이크

재료 및 분량

멥쌀가루 2컵(200g), 소금 ½작은술(2g)
물 2⅔큰술(40g)

앵두소스
앵두 100g, 설탕 4큰술(48g)
물 4큰술(60g)

장식용 떡고명
앵두 100g

조리도구

26cm 찜기, 하트떡틀, 16cm 냄비

Cooking Tip

• 살구나 복숭아를 조려 사용하기도 한다.
• 장식용 앵두도 설탕에 조려 사용해도 좋다.

1 멥쌀가루 체에 내리기
멥쌀가루에 소금과 물을 넣고 고루 비벼 섞어서 체에 내린다.

2 앵두 손질
앵두는 씻어서 물기를 제거하고 씨를 뺀다.

3 앵두소스 만들기
냄비에 소스용 앵두와 설탕, 물을 붓고 센 불에서 끓으면 중불로 낮추어 2~3분 정도 조려 앵두소스를 만든다.

4 쌀가루 넣기
찜기에 젖은 면포를 깔고 떡틀을 놓은 다음, 멥쌀가루의 ½ 양을 넣고 고루 펴서 평평하게 한 후 앵두소스를 넣는다. 그 위에 나머지 멥쌀가루 ½ 양을 넣고 고루 펴서 평평하게 한다.

5 떡 찌기
찜통에 물을 붓고 센 불에 올려 물이 끓으면 찜기 중간틀을 넣고 15~20분 정도 찐다.

6 고명 올리기
떡이 식으면 떡 위에 앵두를 고명으로 올린다.

신바람나는 솜씨 자랑떡
오색사탕떡

재료 및 분량

멥쌀가루 150g(1⅓컵), 찹쌀가루 50g(½컵)
소금 2g(½작은술), 물 60g(4큰술)

색
쑥가루 1g, 호박가루 1g, 커피가루 2g
딸기가루 1g

소
흰팥앙금 100g, 건포도 5g, 잣 5g
식용유 ½큰술(6.5g)

조리도구

26cm 찜기

Cooking Tip

• 어린이들과 함께 온 가족이 둘러앉아
  만들면 재미있다.

1 멥쌀가루 체에 내리기
멥쌀가루에 찹쌀가루와 소금, 물을 넣고
고루 비벼 섞어서 체에 내린다.

2 떡반죽 색 들이기
찜통에 물을 붓고 센 불에 올려 끓으면
찜기에 젖은 면포를 깔고 쌀가루를 넣어
15분 정도 찐 다음, 뜨거울 때 방망이로
친다. 떡반죽을 50g 정도 떼어서 4등분하
여 쑥가루, 호박가루, 커피가루, 딸기가
루를 넣고 떡구슬에 색을 들인다.

3 소 만들기
건포도는 곱게 다져서 흰팥앙금과 잣을
넣고 섞어서 4g 정도로 소를 만든다.

4 떡반죽 붙이기
흰색 떡반죽은 밀대로 두께 0.3cm 정도
로 밀어 펴서 가로 7cm, 세로 5cm 정도
로 자른다.

5 떡구슬 붙이기
준비한 색 떡반죽을 0.3cm 크기의 떡구
슬로 둥글게 빚어 흰 떡반죽에 붙인다.

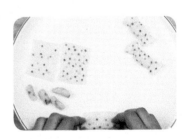

6 사탕모양 떡 만들기
밀어놓은 떡에 소를 넣고 말아서 사탕
모양을 만든 다음 식용유를 바른다.

신바람나는 솜씨 자랑떡

쌍개피떡(뺀뺀떡)

재료 및 분량

멥쌀가루 5컵(500g), 찹쌀가루 2컵(200g)
홍국쌀가루 1작은술(2g)
소금 ⅔큰술(8g), 물 1컵(200g)

소
거피팥고물 2컵,(220g)
계핏가루 1작은술(2g)
호두 6개, 꿀 3큰술

조리도구

26cm 찜기, 실리콘패드, 바람떡 틀

Cooking Tip

- 이 떡은 개피떡 두 개를 마주붙인 떡
  으로, 떡의 색은 홍국쌀가루 외에도
  다양하게 낼 수 있다.
- 떡 속에 들어가는 소는 거피팥고물만
  넣어도 된다.

1 쌀가루에 홍국쌀가루 섞기
멥쌀가루와 찹쌀가루에 홍국쌀가루와
소금을 넣고 고루 섞은 뒤 물로 수분을
준다.

2 떡 찌기
찜통에 물을 붓고, 끓으면 찜기에 젖은
면포를 깔고 쌀가루를 안친 뒤 김이 오른
후 15~20분 정도 찐다.

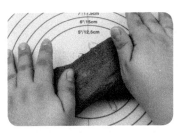

3 떡반죽 치대기
잘 쪄진 떡은 충분히 주물러 치댄다.

4 소 만들기
호두는 다지고, 거피팥고물과 계핏가루,
꿀로 반죽하여 소를 만든다.

5 떡모양 만들기
치댄 떡을 두께 0.7cm 정도로 밀어 소를
넣고 바람떡 틀로 찍어낸다.

6 떡 장식하기
떡 2개의 끝부분을 눌러 붙여 입술모양
으로 만든다.

연잎소스를 뿌려
연꽃둥지 느낌이 나는 떡

신바람나는 솜씨 자랑떡

연꽃둥지떡

재료 및 분량

흰색 떡
멥쌀가루 1½컵(150g), 소금 ¼작은술(1g)
물 2큰술(30g), 설탕 1큰술(12g)

연잎떡
멥쌀가루 2컵(200g), 소금 ½작은술(2g)
물 2⅔큰술(40g), 연잎가루 ⅔큰술(4g)
설탕 3큰술(36g)
밤 2개(30g), 호두 2개(10g)

연잎소스
물 6큰술(90g), 동부녹말 1작은술(2g)
설탕 1큰술(12g), 소금 0.5g
연잎가루 ⅓작은술(0.5g)

장식용 떡고명
꽃절편

조리도구

26cm 찜기, 18cm 대나무찜기, 16cm 냄비

Cooking Tip

• 연잎가루의 비율은 기호에 따라 가감
한다.
• 연자육가루를 넣기도 한다.

1 연잎가루 섞기
멥쌀가루에 연잎가루와 소금, 물을
넣고 고루 비벼 섞어서 체에 내리고
설탕을 넣어 다시 체에 내려 연잎떡가루
를 만든다.

2 부재료 손질하기
밤은 껍질을 벗겨 6~8등분하고, 호두
도 밤과 같은 크기로 썬다.

3 부재료 섞기
준비한 연잎떡용 멥쌀가루에 준비한
밤과 호두를 넣고 고루 섞는다.

4 쌀가루 넣기
대나무찜기에 밑을 깔고 준비한 멥쌀가
루를 넣고 고루 편 다음, 그 위에 흰떡용
멥쌀가루를 다시 넣고 직경 10cm 정도
가운데를 0.5cm 정도 들어가게 둥글게
만든다. 찜통에 물을 붓고 센 불에 올려
끓으면 찜기에 대나무찜기를 넣고 20분
정도 찐다.

5 연잎소스 만들기
냄비에 물과 동부녹말과 설탕, 소금,
연잎가루를 넣고 고루 섞어서 센 불에
올려 끓으면 약불로 낮추어 2분 정도
끓여 연잎소스를 만든다.

6 연잎소스 붓기
연잎떡케이크가 식으면 떡의 가운데
연잎소스를 붓고 꽃절편으로 연꽃
모양을 만들어 떡 위에 장식한다.

회오리꽃떡

재료 및 분량

고구마 200g(1개)
자색고구마가루 8g, 소금 ⅛작은술(0.5g)
생크림 15g, 연유 15g, 꿀 1작은술(6g)

찐 호박 100g, 소금 0.5g, 연유 10g

찹쌀경단
찹쌀가루 ¾컵(75g), 소금 ⅛작은술(0.5g)
설탕 1작은술(4g), 끓는 물 1⅓큰술(20g)

장식용 떡고명
꽃절편

조리도구

26cm 찜기, 16cm 냄비

Cooking Tip

- 찐 고구마에 보리새싹가루나 치즈가루 등을 넣고 색을 늘여 만들기도 한다.
- 사선으로 모양을 낼 때는 헤라나 대나 무꼬치로 한다.

1 고구마 찌기
고구마는 깨끗이 씻고 찜기에 물을 부어 센 불에 올려 끓으면, 고구마를 넣고 30분 정도 찐다. 찐 고구마는 껍질을 벗기고 체에 내린다.

2 고구마·찐 호박 반죽 만들기
체에 내린 고구마에 자색고구마가루와 소금, 생크림, 연유, 꿀을 넣고 고루 섞어 반죽을 만든다. 찐 단호박은 체에 내려 물기를 꼭 짜서 소금과 연유를 넣고 고루 섞어 반죽을 만든다.

3 경단 빚기
찹쌀가루에 소금을 넣고 고루 비벼 섞어서 체에 내린 다음, 설탕을 넣고 고루 섞어서 끓는 물을 넣고 익반죽하여 4g 정도로 둥글게 경단을 빚는다.

4 경단 삶기
냄비에 물을 붓고 센 불에 올려 끓으면 새알심을 넣고 2분 정도 삶아서 떠오르면, 10~20초 정도 두었다가 건져서 물에 헹구어 물기를 뺀다.

5 경단 빚기
자색고구마 반죽과 호박 반죽을 각각 15g씩 떼어 삶은 찹쌀경단을 넣고 동그랗게 빚는다.

6 떡 모양내기
동그랗게 빚어 놓은 떡에 사선 모양의 문양을 낸 뒤 꽃절편으로 꽃모양을 만들어 떡 위에 장식한다.

쌀가루에 홍국쌀가루를
넣어 수박처럼 만든 떡

신바람나는 솜씨 자랑떡

홍국수박설기

재료 및 분량

붉은 쌀가루
멥쌀가루 5컵(500g), 홍국쌀가루 1큰술(6g)
소금 ½큰술(6g), 설탕 5큰술(60g)
초코칩 60g

초록쌀가루
멥쌀가루 2컵(200g), 쑥가루 1작은술(2g)
소금 1작은술(4g)

조리도구

26cm 찜기, 사각떡틀

Cooking Tip

• 둥근 떡틀을 사용하여 떡을 안친 다음
8등분을 하여 찌면 삼각형 수박 모양
으로 나온다.

1 멥쌀가루에 홍국쌀가루 섞기
멥쌀가루에 홍국쌀가루와 소금을 넣고
고루 섞은 뒤 물로 수분을 주고 체에 내
린다.

2 멥쌀가루에 쑥가루 섞기
멥쌀가루에 쑥가루와 소금을 넣고 고루
섞은 뒤 물로 수분을 주고 체에 내린다.

3 부재료 섞기
붉은색 홍국쌀가루에 초코칩과 설탕을
넣어 가볍게 훌훌 섞고, 초록색 쑥쌀가
루는 설탕을 넣고 가볍게 훌훌 섞는다.

4 떡틀에 쌀가루 넣기
찜기에 젖은 면포를 깔고, 사각틀을 올
린 뒤 초록색 쌀가루를 넣어 평평하게
한 뒤 붉은색 쌀가루를 넣어 평평하게
한다.

5 칼금 넣기
8등분으로 칼금을 낸다.

6 떡 찌기
찜통에 물을 붓고 끓으면, 찜기를 올려
김이 오른 후 20분 정도 찐다.

생딸기와 요구르트무스를
뿌려 만든 떡

요구르트무스떡케이크

재료 및 분량

멥쌀가루 3컵(300g), 소금 ¼큰술(3g)
생딸기 7개(60g), 설탕 3큰술(36g)
딸기가루 5g

요거트무스
플레인 요구르트 70g, 휘핑크림 40g
연두부 35g, 설탕 1큰술(12g)
젤라틴가루 8g

장식용 떡고명
딸기절편

조리도구

믹서기, 26cm 찜기, 16cm 대나무찜기
16cm 냄비, 케이크용 띠

Cooking Tip

- 멥쌀가루에 곱게 간 딸기를 넣은 다음 수분이 부족하면 물을 넣어 보충한다.
- 딸기가 많이 생산되는 제철에는 생딸기만 넣는다.

1 생딸기 갈기
생딸기는 깨끗이 씻어 꼭지를 떼고 딸기가루와 함께 믹서에 넣고 곱게 간다.

2 멥쌀가루에 생딸기즙 섞기
멥쌀가루에 소금과 생딸기즙을 넣고 고루 비벼 섞어서 체에 내린 다음. 설탕을 넣고 고루 섞어 한 번 더 체에 내린다.

3 쌀가루 채우기
대나무찜기에 밑을 깔고 쌀가루를 넣은 다음 고루 펴서 수평으로 평평하게 한다.

4 떡 찌기
찜통에 물을 붓고 센 불에 올려 끓으면 찜기에 대나무찜기를 넣고 20분 정도 찐다.

5 요구르드 무스 끓이기
냄비에 플레인 요구르트와 휘핑크림, 연두부, 설탕, 젤라틴가루를 넣고 고루 섞어 약불에서 젤라틴가루가 녹을 때까지 끓인 다음 체에 내려 식힌다.

6 유구르트 무스 올리기
찐 떡케이크가 한 김 식으면 둘레에 케이크용 띠를 두르고, 요구르트 무스를 부어 고루 펴서 굳도록 식힌 다음 딸기 모양의 절편을 떡 위에 올려 장식한다.

색동저고리 모양의 떡 속에
팥소를 넣고 딸기씨앗을
채워 만든 떡

신바람나는 솜씨 자랑떡

색동저고리떡(餠)

재료 및 분량

멥쌀가루 1½컵(150g), 찹쌀가루 ½컵(50g)
소금 ½작은술(2g)
물 3∼3⅓큰술(45∼50g)

소
팥앙금 40g

색
포도가루 1g
쑥가루 0.5g, 치자물 1g, 딸기가루물 1g

딸기시럽
한천 0.5g(불린 것 5g), 물 3큰술(45g)
딸기가루 3.5g, 소금 0.1g, 설탕 1큰술(12g)
녹말물 7g(동부묵녹말 1작은술 + 물 ⅓작은술)
참기름 1작은술(4g)

조리도구

26㎝ 찜기, 16㎝ 냄비

Cooking Tip

• 딸기시럽 대신 딸기잼이나 블루베리
  잼 등을 넣기도 한다.

1 쌀가루 체에 내리기 · 소 빚기
멥쌀가루와 찹쌀가루에 소금을 넣고
고루 비벼 섞어서 체에 내린 다음, 물을
넣고 고루 비벼 섞는다. 팥앙금은 4g씩
떼어 둥글게 소를 만든다.

2 떡 찌기
찜통에 물을 붓고 센 불에 올려 끓으면
찜기에 젖은 면포를 깔고 쌀가루를 넣어
15분 정도 찐 다음, 치대어 떡반죽을 만
든다. 떡반죽을 20g 정도씩 떼어 4등분
한 뒤 포도가루와 쑥가루, 치자물, 딸기가
루물을 각각 넣고 고루 치대어 색을 들인다.

3 떡 만들기
쑥색, 노란색, 분홍색 떡반죽은 각각 밀
대로 두께 0.7cm 정도로 밀어 펴서 길이
6cm, 폭 1cm 정도로 잘라 떡띠를 만들
고, 3색의 떡띠를 나란히 붙여 다시 밀
대로 두께 0.5cm 정도로 밀어 길이 7cm
정도로 만든다.

4 저고리 모양 만들기
떡반죽 속에 팥앙금소를 넣고 윗부분을
1cm 정도 남기고 삼각형으로 여민다. 떡
반죽은 두께 0.2cm 정도의 밀대로 밀어
길이 4cm, 폭 0.3cm 정도로 잘라 떡띠
를 만들어 옷고름 모양을 만들고 떡에
붙인다.

5 딸기시럽 만들기
냄비에 한천과 물을 넣고 센 불에 올려
한천이 녹으면 모든 재료를 넣고 5분
정도 끓이다가 녹말물을 넣고 약불에서
가끔 저어가며 5∼10분 정도 끓인다.

6 딸기시럽 올리기
색동저고리떡 가운데 딸기시럽을 넣고
굳힌 다음 떡에 참기름을 바른다.

신바람나는 솜씨 자랑떡
햇살조각떡

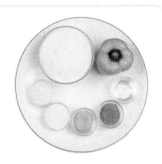

재료 및 분량

멥쌀가루 3컵(300g), 소금 ¼큰술(3g)
설탕 2½큰술(30g)
노란 파프리카 1개(80g)

떡고물
흰팥앙금 100g, 보리순가루 2g
물엿 ¼큰술(5g)

장식용 떡고명
꽃절편

조리도구

26cm 찜기, 16cm 대나무찜기, 믹서기
케이크용 띠

Cooking Tip

• 기호에 따라 빨간 파프리카, 녹색 파
  프리기를 사용하기도 한다.
• 사각틀에 떡을 찌기도 한다.

1 **파프리카즙 만들기**
노란 파프리카는 씻어서 반으로 잘라
씨와 속을 떼어내고, 작게 썰어 믹서에
넣고 곱게 갈아 파프리카즙을 만든다.

2 **파프리카즙 섞기**
멥쌀가루에 소금과 파프리카즙을 넣고
고루 비벼 섞어서 체에 내린 다음 설탕을
넣고 고루 섞어 다시 한 번 체에 내린다.

3 **고물 만들기**
고물용 흰팥앙금에 보리순가루와 물엿
을 넣고 고루 섞어서 중불에서 2~3분
정도 볶아 체에 내린다.

4 **찜기에 쌀가루 넣기**
대나무찜기에 밑을 깐 다음 쌀가루를
넣고 고루 펴서 수평으로 평평하게 한다.

5 **떡 찌기**
찜통에 물을 붓고 센 불에 올려 끓으면
찜기에 대나무찜기를 넣고 20분 정도
찐다.

6 **고명 올리기**
떡이 한 김 식으면 떡 위에 고물을 고루
뿌린 다음 꽃절편으로 꽃모양을 만들어
떡 위에 얹는다.

Part. 5

특별한 날 찾게 되는
별미떡

망고떡케이크 · 꼬마초코찰떡 · 감미감저병(餠) · 도넛설기
오렌지찰떡파이 · 모둠떡꼬치 · 코코아떡케이크
삼색미니설기 · 바나나과일떡 · 에스프레소지짐떡
식규병(餠) · 초록완두떡케이크 · 유자단자 · 복분자떡케이크
사과향단자 · 귤병컵케이크 · 모카떡케이크

망고를 넣어 향긋하게
만든 떡케이크

특별한 날 찾게 되는 별미떡

망고떡케이크

재료 및 분량

멥쌀가루 2컵(200g), 소금 ⅓작은술(2g)
망고주스 ¼ 컵(50g), 설탕 1⅓큰술(20g)

장식
생크림 100g, 흰팥앙금 20g

조리도구

26cm 찜기, 하트모양 떡틀

Cooking Tip

• 크림은 떡이 속까지 식은 후에 발라야 녹지 않는다.
• 건망고 또는 복숭아(통조림)를 사용하기도 한다.

1 망고주스 넣고 섞기
멥쌀가루에 소금과 망고주스를 넣고 고루 비벼 섞어서 체에 내린 다음, 설탕을 넣고 고루 섞어 체에 한 번 더 내린다.

2 망고 썰기
장식용 망고는 겉껍질을 벗기고 길이 5cm, 두께 0.3cm 정도로 썬다.

3 떡틀에 쌀가루 채우기
찜기 중간틀에 젖은 면포를 깔고, 떡틀을 놓은 다음 쌀가루를 넣고 고루 편다.

4 떡 찌기
찜통에 물을 붓고 센 불에 올려 끓으면 젖은 면포를 깔고 떡틀을 넣고 20분 정도 찐 다음 한 김 식힌다.

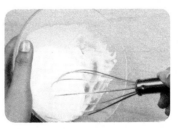

5 크림 만들기
생크림에 흰팥앙금을 넣고 거품기로 저어 크림을 만들고 떡케이크 위에 고루 펴서 바른다.

6 고명 올리기
떡케이크 위에 준비해 놓은 망고로 장식한 다음 식용꽃을 올린다.

하트모양의 찰떡에
초콜릿을 입힌 달콤한 떡

꼬마초코찰떡

재료 및 분량

찹쌀가루 2컵(200g), 소금 ½작은술(2g)
물 1⅓큰술(20g), 설탕 2½작은술(10g)

소
호두 5g(1개), 슬라이스 아몬드 5g
볶은 땅콩 10g, 흰팥앙금 50g, 초코칩 10g

연유 5g

식용유 ½큰술(6.5g)

화이트 초콜릿 100g, 다크 초콜릿 100g

조리도구

26cm 찜기, 16cm 냄비, 하트모양 떡틀

Cooking Tip

• 초콜릿은 중탕해야 하며 식었을 때 찰
  떡을 담갔다 건지면 코팅이 매끄럽지
  않다.
• 고물로 코코넛이나 카스텔라를 사용
  하기도 한다.

1 쌀가루 내리기 · 견과류 손질
찹쌀가루에 소금과 물을 넣고 고루 비벼
섞어서 체에 내린 다음 설탕을 넣어
고루 섞는다. 호두와 슬라이스 아몬드는
잘게 다지고, 볶은 땅콩은 껍질을 벗겨
잘게 다진다.

2 소 만들기
다진 견과류에 흰팥앙금과 초코칩, 연유
를 넣고 섞어서 5g씩 떼어 찰떡소를
만든다.

3 떡 찌기
찜기에 물을 붓고 센 불에 올려 끓으면
찜기 중간틀에 젖은 면포를 깔고 찹쌀가
루를 넣어 15분 정도 찐다. 찐 떡은 뜨거
울 때 방망이로 꽈리가 생기도록 쳐서,
15g 정도로 떼어 소를 넣고 동그랗게
빚는다.

4 찰떡 틀에 넣기
찰떡 틀에 식용유를 고루 바른 다음
빚은 찰떡을 넣고 랩으로 싸서 냉장실에
넣어 1시간 정도 냉동한다.

5 초콜릿 중탕하기
냄비에 물을 붓고 약불에 올려 초콜릿을
중탕하여 녹인다.

6 초콜릿 굳히기
초콜릿이 녹으면 찰떡을 담갔다 건져
굳힌다. 위에 녹인 화이트 초콜릿으로
장식한다.

특별한 날 찾게 되는 별미떡

감미감저병(餠)

재료 및 분량

멥쌀가루 2컵(200g), 소금 ½작은술(2g)
마 200g, 설탕 3큰술(36g)
달걀 흰자 100g

색

호박가루 1작은술(3g), 찐 자색고구마 10g

소

잣 5g, 통팥앙금 100g, 찐 거피팥 50g

장식용 떡고명

꽃절편
물 ½컵(100g)
슈거파우더 30g

조리도구

26cm 찜기, 사각떡틀

Cooking Tip

- 호박반죽을 틀의 ⅓ 정도 넣고 그 위에 자색고구마 반죽을 넣어 젓가락으로 무늬를 만든다.

1 재료 준비하기
멥쌀가루에 소금을 넣고 체에 내린다. 마는 깨끗이 씻어 껍질을 벗기고 강판에 곱게 간다. 달걀 흰자는 거품기로 3~5분간 저어 거품을 만든다.

2 반죽 나누어 색 들이기
달걀 흰자에 설탕을 2~3회에 나누어 넣고 고루 섞은 다음 멥쌀가루와 마를 넣고 섞어서 2등분한다. 2등분한 반죽에 각각 호박가루와 찐 자색고구마를 넣고 고루 섞는다.

3 소 만들기
잣은 고깔을 떼어 면포로 닦고, 통팥앙금에 찐 거피팥과 잣을 넣어 고루 섞은 다음 두께 1.5cm, 길이 20cm의 소를 만든다.

4 떡 찌기
찜통에 물을 붓고 센 불에서 물이 끓으면 찜기에 젖은 면포를 깔고, 호박반죽을 틀의 반 정도 넣는다. 그 위에 자색고구마 반죽을 넣어 젓가락으로 무늬를 만들고 김이 오르면 15~20분간 찐다.

5 떡에 소 넣고 말기
떡반죽이 한 김 식으면 소를 넣고 김밥처럼 돌돌 만다.

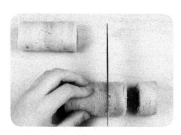

6 떡 썰기
말아놓은 떡을 2cm 간격으로 썬다. 꽃절편으로 꽃모양을 만들어 떡 위에 장식한다.

쌀가루에 흑임자가루가
들어가 색이 세련된 떡

특별한 날 찾게 되는 별미떡

도넛설기

재료 및 분량

멥쌀가루 3컵(300g), 소금 1작은술(4g)
흑임자가루 2큰술(12g)
우유 ⅓컵(67g), 설탕 3큰술(36g)

소
흰 앙금 50g, 크림치즈 50g, 녹두고물 50g
흑임자가루 2큰술(12g)
휘핑크림 1큰술(20g)

장식
아몬드 10개

조리도구

26cm 찜기, 도넛설기몰드, 짤주머니

Cooking Tip

• 소를 만들 때 녹두고물 대신 거피팥고
  물을 사용해도 된다.
• 떡에 색을 낼 때 흑임자 외에 홍국쌀
  가루나 녹차가루 등을 사용해도 좋다.

1 멥쌀가루에 흑임자가루 섞기
멥쌀가루에 소금을 넣고 고루 비벼 섞는다.

2 쌀가루 수분 주기
쌀가루에 우유로 수분을 준다.

3 쌀가루 체에 내리기
우유로 수분을 준 쌀가루를 체에 내려
분량의 설탕을 넣고 가볍게 훌훌 섞는다.

4 크림 소 만들기
분량의 소 재료를 넣고 고루 섞어 짤주
머니에 준비한다.

5 떡 찌기─식히기
도넛모양이 설기틀에 쌀가루를 담아
찜기에 넣고, 찜통에 물을 붓고 끓으면,
찜기를 올려 김이 오른 후 20분 정도
찐 후 설기가 다 익으면 틀에서 빼내어
식힌다.

6 떡 사이에 크림 소 넣기
시힌 설기 위에 준비한 소를 원형으로
짜서 도넛설기 위를 덮은 뒤 아몬드를
올린다.

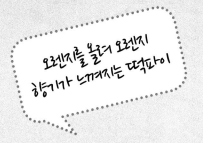

오렌지를 올려 오렌지
향기가 느껴지는 떡파이

특별한 날 찾게 되는 별미떡
오렌지찰떡파이

재료 및 분량

찹쌀가루 2컵(200g), 소금 ½작은술(2g)
베이킹파우더 1.3g, 물 5⅓큰술(80g)

오렌지 조리기

오렌지 껍질 채친 것 12g, 오렌지과육 50g
설탕물 130g(설탕 4큰술 + 물⅓컵)

크림반죽

크림치즈 180g, 달걀 1개, 설탕 3큰술(36g)
생크림 60g, 식용유 1큰술(15g)

장식

오렌지 ½개, 크랜베리 4g, 피스타치오 5g
피칸 3개, 캐슈넛 3개, 슈거파우더 적당량
나파주 100g

조리도구

오븐, 파이틀

Cooking Tip

- 키위나 사과를 이용하여 만들어도
  좋다.
- 계절과일을 이용해도 좋다.

1 쌀가루 반죽하기
찹쌀가루에 소금과 베이킹파우더를 넣
고 체에 내린 후, 물을 넣고 반죽하여
젖은 면포에 30분 정도 싸둔다.

2 오렌지 손질하기
오렌지 껍질은 깨끗이 씻어 길이 2cm,
두께 0.2cm로 채썰고, 과육은 0.5cm 두
께로 썰어 냄비에 오렌지와 설탕,
물을 넣고 2분 정도 조린 다음 체에
밭쳐 물기를 뺀다. 장식용 오렌지는
깨끗이 씻어 반으로 자른 다음 껍질
째 0.5cm 두께로 썬다.

3 크림반죽 만들기
크림치즈를 상온에 두어 크림이 부드
럽게 되면 달걀 1개와 생크림, 설탕을
2~3회로 나누어 넣고 섞는다.

4 크림반죽에 오렌지과육 넣기
섞어놓은 크림반죽에 조린 오렌지 껍질
과 과육을 섞는다.

5 파이틀에 반죽 넣기
면포에 싸논 반죽을 치내어 파이틀에
식용유를 바르고 파이반죽을 넣고, 크림
반죽과 썰어놓은 장식용 오렌지를 위에
얹는다.

6 오븐에 구워 나파주 바르기
오븐을 200℃에서 10분 정도 예열한
다음 170℃에서 30분간 굽고 중탕한
나파주를 바른 후 20분간 더 굽는다.
파이를 꺼낸 후 중탕하여 녹인 나파주를
한 번 더 바르고 견과류를 올려 장식한다.

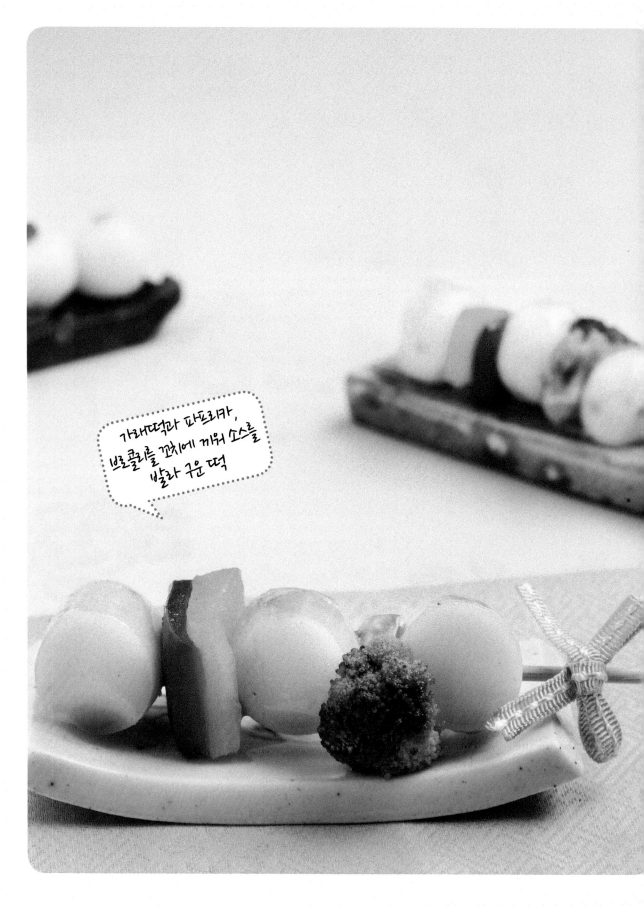

특별한 날 찾게 되는 별미떡

모둠떡꼬치

재료 및 분량

가래떡 240g, 간장 3g(½작은술)
참기름 4g(1작은술)

브로콜리 60g, 소금 1g(¼작은술)
빨간 파프리카 60g, 노란 파프리카 60g

떡꼬치소스
고추장 1큰술(19g), 토마토케첩 2큰술
간장 ½큰술(9g), 설탕 1큰술(12g)
물엿 ½큰술(9.5g), 다진 마늘 1큰술(16g)
고춧가루 ½큰술(3.5g), 물 ½큰술(7.5g)

식용유 6.5g(½큰술)

조리도구

16cm 냄비, 30cm 프라이팬, 꼬치

Cooking Tip

• 꼬치소스는 붓으로 바르면 골고루
  발라진다.
• 파프리카 대신 청홍고추를 사용해도
  좋다.

1 가래떡 양념하기
가래떡은 길이 3cm 정도로 썰어 간장과
참기름으로 양념한다.

2 채소 손질하기
브로콜리는 2×3cm 정도로 자르고,
빨간 파프리카와 노란 파프리카는 씨와
속을 떼어내고 가로 · 세로 2cm 정도로
썬다.

3 브로콜리 데치기
냄비에 물을 붓고 센 불에 올려 끓으면
소금과 브로콜리를 넣고 1분 정도 데쳐
물에 헹군다.

4 소스 만들기
냄비에 소스 재료를 넣고 센 불에 올려
끓으면 중불로 낮추어 2분 정도 끓인
다음, 약불로 낮추어 3분 정도 더 끓
인다.

5 꼬치에 떡과 채소 까우기
꼬치에 가래떡과 브로콜리, 빨간 파프리
카, 노란 파프리카를 색깔 맞추어 꽂는다.

6 떡꼬치 지지기
팬을 달구어 떡꼬치를 놓고 중불에서
소스를 덧발라가며 앞뒤로 뒤집어 가며
4분 정도 구워낸다.

특별한 날 찾게 되는 별미떡
코코아떡케이크

재료 및 분량

멥쌀가루 5컵(500g), 소금 ½큰술(6g)

초코설기
멥쌀가루 4½컵(450g)
코코아가루 7큰술(42g)
우유 ½컵(100g), 설탕 5큰술(60g)
초코파운드 100g

장식용 쌀가루
멥쌀가루 ½컵(50g), 딸기물 1작은술

조리도구

26cm 찜기, 20cm 대나무찜기, 스텐실

Cooking Tip

• 떡 위에 장식하는 딸기설기의 수분은
  일반 설기보다 물을 적게 주어야 문양
  이 잘 나온다.

1 쌀가루 등분하기
멥쌀가루에 소금을 넣고 체에 내린 후,
4½컵, ½컵으로 나눈다.

2 멥쌀가루에 코코아가루 섞기
쌀가루 4½컵에 코코아가루를 넣고
우유로 수분을 준 후 고루 비벼 체에
내린 뒤 설탕을 넣고 훌훌 섞는다.

3 멥쌀가루에 딸기물 섞기
쌀가루 ½컵에 딸기물을 넣고, 수분을
준 뒤 고루 비벼 체에 내린다.

4 찜기에 쌀가루 넣기
대나무찜기에 코코아로 색을 들인 쌀가
루로 절반을 채우고, 가운데 초코파운드
를 고루 얹은 뒤 나머지 쌀가루를 채워
평평하게 만든다.

5 문양 만들기
코코아로 색을 들인 쌀가루 위에 딸기물
로 색을 들인 쌀가루를 얹어서 문양을
낸다.

6 떡 찌기
찜통에 물을 붓고 끓으면, 찜기에 대나
무찜기를 올려 김이 오른 후 20분 정도
찐다.

아이스크림을 얹어 먹으면
더 맛있는 떡

특별한 날 찾게 되는 별미떡

삼색미니설기

재료 및 분량

멥쌀가루 2컵(200g), 소금 ½작은술(2g)
설탕 2½큰술(30g)

색

커피가루물 : 커피가루 2g, 물 1큰술(15g)
딸기가루물 : 딸기가루 2g, 물 1큰술(15g)
쑥가루물 : 쑥가루 1g, 물 1큰술(15g)

장식

아몬드 10g, 호박씨 10g, 땅콩분태 10g
바닐라아이스크림 120g, 식용꽃

조리도구

26cm 찜기, 모양 떡틀

Cooking
Tip

• 떡이 뜨거울 때 아이스크림을 올리면
녹으므로, 떡이 식은 뒤에 올린다.

1 멥쌀가루 체에 내리기
멥쌀가루에 소금과 설탕을 넣고 체에
내린 다음 3등분한다.

2 멥쌀가루 색 들이기
각각의 멥쌀가루에 커피가루물, 딸기가
루물, 쑥가루와 물을 넣고 고루 비벼
섞어서 각각 체에 내린다.

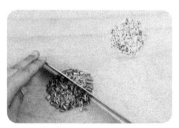

3 견과류 손질하기
아몬드와 호박씨는 굵게 다진다.

4 견과류 아이스크림 만들기
아이스크림에 다진 아몬드와 호박씨,
땅콩분태를 넣고 고루 섞어 냉동한다.

5 떡틀에 쌀가루 넣어 찌기
찜기에 젖은 면포를 깔고 떡틀을 놓은
다음, 색을 들인 쌀가루를 각각 넣고
평평하게 한다. 찜통에 물을 붓고 센 불
에 올려 끓으면 찜기를 올려 15분 정도
찐다.

6 아이스크림 올리기
찐 떡이 식으면 그릇에 담고 떡 위에
견과류를 넣은 아이스크림과 식용꽃으
로 장식한다.

바나나소를 넣고 바나나
모양으로 만든 떡

특별한 날 찾게 되는 별미떡

바나나과일떡

재료 및 분량

찹쌀가루 2컵(200g), 멥쌀가루 ½컵(50g)
소금 ⅓작은술(2g), 설탕 2큰술(24g)
찐 단호박 80g

소
바나나 30g, 흰팥앙금 20g, 아몬드 20g
거피팥 20g

고물
코코넛가루 30g

조리도구

26㎝ 찜기

Cooking Tip

• 단호박을 찔 때 세워서 찌면 물이 생기지 않아 좋다.
• 여름에는 거피팥을 5시간 정도 불린다.

1 쌀가루 체에 내리기
찹쌀가루와 멥쌀가루에 소금을 넣고 고루 비벼 섞어서 체에 내린 다음 설탕을 넣고 고루 섞는다.

2 부재료 손질하기
단호박은 씻어서 씨와 속을 긁어내고 찜통에 15분 정도 쪄서 노란 과육을 긁어낸다. 바나나는 으깨어 체에 내리고 아몬드는 잘게 다진다.

3 거피팥 찌기
거피팥은 물에 8시간 정도 불려 문질러 씻어 껍질을 벗긴 후, 물기를 뺀다. 찜통에 물을 붓고 센 불에 올려 끓으면 찜기에 젖은 면포를 깔고 거피팥을 넣은 후, 40분 정도 쪄서 방망이로 찧어 체에 내린다.

4 소 만들기
거피팥고물에 바나나와 흰팥앙금, 아몬드 다진 것을 넣고 고루 섞어 6g씩 떼어 동그랗게 소를 빚는다.

5 바나나 모양 만들기
쌀가루에 찐 단호박을 넣고 고루 비벼 섞어서 체에 내린다. 찜통에 물을 붓고 센 불에서 끓으면 찜기에 젖은 면포를 깔고 쌀가루를 넣고 15분 정도 찐다. 떡이 뜨거울 때 방망이로 쳐서 10g씩 떼어 소를 넣고 길이 5cm, 폭 1.5cm 정도의 바나나모양의 떡을 빚는다.

6 코코넛가루 묻히기
빚은 바나나떡에 코코넛가루를 고루 묻혀서 바나나 모양을 만든다.

특별한 날 찾게 되는 별미떡

에스프레소지짐떡

재료 및 분량

찹쌀가루 2½컵(250g), 소금 2.5g

달걀 ⅓개(20g), 우유 5⅔큰술(85g)

설탕 1½큰술(18g)

에스프레소 원액 1⅓큰술(20g)

호두 3개(15g), 대추 3개(12g), 호박씨 7g

잣 1큰술(10g)

메이플시럽 40g

식용유 1큰술(13g)

고명

피칸 8개(16g)

조리도구

30cm 프라이팬

Cooking Tip

- 팬케이크 반죽은 약불에 서서히 익혀야 속까지 익고 타지 않는다.
- 에스프레소 원액이 없으면 헤이즐넛 커피가루를 넣어도 좋다.

1 쌀가루 섞기
찹쌀가루에 소금을 넣고 고루 비벼 체에 내린다.

2 부재료 손질하기
달걀은 풀어놓고, 호두는 뜨거운 물에 불려 속껍질을 벗겨 0.5cm 정도로 썬다. 대추와 호박씨는 젖은 면포로 닦아서 대추는 돌려깎아 가로·세로 0.5cm 정도로 썰고, 호박씨는 ½ 정도 크기로 다진다.

3 반죽하기
찹쌀가루에 달걀, 우유, 설탕을 넣고 반죽한 다음 에스프레소 원액을 넣어 다시 반죽한다.

4 반죽에 견과류 섞기
반죽에 준비한 견과류를 넣고 섞어 반죽한다.

5 팬케이크 모양 만들기
팬을 달구어 식용유를 두르고 반죽(50g)을 넣고 직경 10cm 정도의 크기로 편다. 팬케이크의 밑면이 익으면 뒤집어 가며 앞뒤를 노릇하게 익힌다.

6 고명 올리기
팬케이크에 메이플시럽을 뿌리고 피칸을 올려 장식한다.

복주머니 모양에
팥소를 넣어 만든 떡

특별한 날 찾게 되는 별미떡

석류병(餠)

재료 및 분량

멥쌀가루 2컵(200g), 찹쌀가루 ½컵(50g)
소금 1작은술(2g), 물 3⅓큰술(50~55g)

색

딸기가루물 1g, 치자물 1g, 포도가루 2g

소

팥앙금 35g, 다진 호두 5g
참기름 1큰술(13g)

조리도구

26cm 찜기, 원형 몰드

Cooking Tip

- 흰팥앙금을 사용하기도 한다.
- 녹차가루, 파래가루, 백년초가루, 석류
  즙 등 다양한 색을 들여서 사용하기도
  한다.

1 쌀가루 체에 내리기
멥쌀가루와 찹쌀가루에 소금을 넣고
체에 내린 다음 물을 넣고 골고루 비벼
섞는다.

2 소 빚기
팥앙금에 다진 호두를 넣고 섞은 다음
4g 정도씩 떼어서 둥글게 소를 만든다.

3 떡 찌기
찜통에 물을 붓고 센 불에 올려 끓으면
찜기에 젖은 면포를 깔고 쌀가루를 넣
어 15분 정도 찐다. 찐 떡은 뜨거울 때 끈
기가 생기도록 치대어 3등분하고, 각각
딸기가루물, 치자물, 포도가루를 넣고
색을 들인다.

4 떡 모양 내기
각각의 떡반죽을 밀대를 이용해서 두께
0.5cm 정도로 밀어 편 다음 직경 6cm
정도의 원형틀로 찍는다.

5 소 넣어 떡 만들기
떡의 가운데 빚어놓은 팥소를 놓고,
떡반죽을 오므려 붙여 석류병을 만든다.

6 고명 올리기
삼색의 떡반죽을 조금 떼어서 직경
0.2cm 정도로 둥글게 빚고 석류병 위에
올려 장식한다. 참기름을 고루 바른다.

특별한 날 찾게 되는 별미떡

초록완두떡케이크

재료 및 분량

멥쌀가루 2컵(200g), 소금 ½작은술(2g)
설탕 2½큰술(30g)

완두콩 삶기

완두콩 150g, 삶는 물 1컵(200g)
소금 ¼작은술(1g)

고물

완두콩 100g, 설탕 1큰술(12g)
물 4큰술(60g)

떡 위의 고명

완두콩, 식용꽃

조리도구

26cm 찜기, 16cm 대나무찜기, 16cm 냄비

Cooking Tip

- 대나무찜기 대신 스테인리스 떡틀에
  넣어 찌기도 한다.
- 완두콩소는 완두배기를 사용하기도
  한다.
- 떡의 수분은 물 대신 삶은 완두콩을
  사용하기도 한다.

1 멥쌀가루 체에 내리기
멥쌀가루에 소금을 넣고 섞어서 체에
내린 다음 3등분한다.

2 완두콩 삶기
완두콩은 씻어서 냄비에 물과 소금을
함께 넣고 센 불에 올려 끓으면 중불로
낮추어 5~10분 정도 삶는다.

3 삶은 완두콩 체에 내리기
완두콩이 뜨거울 때 으깨어 체에 내
린다.

4 쌀가루에 완두콩 섞기
멥쌀가루에 으깬 완두콩을 넣고 고루
비벼 섞어서 체에 내린 다음 설탕을
넣고 체에 한 번 더 내린다. 냄비에 완두
콩과 설탕, 물을 붓고 센 불에 올려 끓으
면 중불로 낮추어 5분 정도 조린다.

5 쌀가루 채우기
대나무찜기에 밑을 깔고 쌀가루의 ⅓ 양을
넣어 평평하게 한다. 그 위에 조린 완두
콩의 ½ 양을 고루 펴서 놓고 쌀가루와
완두콩, 쌀가루 순으로 넣고 고루 펴서
평평하게 한다.

6 떡 찌기
찜통에 물을 붓고 센 불에 올려 끓으면
찜기에 대나무찜기를 넣고 20분 정도
찐 다음 떡 위에 완두콩과 식용꽃을
올린다.

특별한 날 찾게 되는 별미떡

유자단자

재료 및 분량

찹쌀가루 5컵(500g), 소금 ½큰술(6g)
유자청 1큰술(20g), 치자물 1큰술(15g)

녹두고물
녹두 2컵(320g), 소금 ½큰술(6g)

소
녹두고물 100g, 흰 앙금 50g
유자청 건지 1큰술(20g)

조리도구

16cm 냄비

Cooking Tip

- 단자를 삶을 때 단자가 떠오르면 조금
  더 삶아서 건져야 속까지 잘 익는다.
- 삶은 단자를 얼음물에 차게 시히면
  단자의 식감이 더 쫄깃해진다.

1 쌀가루에 소금 넣기
찹쌀가루에 소금을 넣고 고루 비벼 섞
는다.

2 물들여 익반죽하기
유자청과 치자물을 넣고 고루 섞은
다음 끓는 물로 익반죽한다.

3 녹두고물 만들기
찐 녹두는 뜨거울 때 소금을 넣고 훌훌
섞은 뒤 찧어 굵은체(어레미)에 내린다.

4 소 만들기
유자청 건지는 잘게 다지고, 분량의
녹두고물과 흰 앙금을 넣고 고루 섞어
은행알 크기로 소를 만든다.

5 단자 만들기
익반죽한 떡을 떼어 소를 넣고 오므리
서 직경 3~4cm 크기로 단자를 만든다.

6 단자 삶기
끓는 물에 단자를 넣어 떠오르면 1분 정도
더 두었다가 건져 찬물에 담그고, 물기
를 뺀 후 녹두고물을 묻힌다.

몸을 이롭게 하는 건강떡
복분자떡케이크

재료 및 분량

멥쌀가루 3컵(300g), 소금 ¼큰술(3g)
복분자 40g, 물 2⅔큰술(40g)
설탕 2½큰술(30g)

복분자시럽

복분자 50g, 물 8큰술(120g), 소금 0.1g
설탕 2⅓큰술(28g), 한천가루 0.5g
동부녹말가루 1큰술(6g)

우유시럽

우유 ¾컵(150g), 소금 0.2g
설탕 1½큰술(18g), 한천가루 1g
녹말물 2큰술(동부녹말 1큰술 + 물 1큰술)

장식용 고명

복분자

조리도구

26cm 찜기, 16cm 대나무찜기, 16cm 냄비
믹서기, 케이크용 띠

Cooking Tip

• 떡케이크에 시럽을 부을 때는 뜨거운
기운이 한 김 나간 후에 붓는다.
• 시럽을 미리 만들어두면 떡케이크에
부었을 때 표면이 매끄럽지 않으므로
시럽을 바로 만들어 사용한다.

1 복분자 갈기
복분자는 씻어서 물과 함께 믹서에 넣고
곱게 갈아 체에 거른다.

2 멥쌀가루에 복분자즙 넣고 섞기
멥쌀가루에 소금과 복분자즙을 넣고
고루 비벼 섞어서 체에 내린 다음, 설탕
을 넣고 한 번 더 체에 내린다.

3 떡 찌기
대나무찜기에 밑을 깔고, 준비한 쌀가루
를 넣고 고루 펴서 평평하게 한다.
찜통에 물을 붓고 센 불에 올려 물이 끓
으면 찜기에 쌀가루를 넣은 대나무찜기
를 넣고 20분 정도 찐다.

4 복분자시럽 끓이기
냄비에 복분자시럽 재료를 믹서에 갈아
넣고 센 불에 올려 끓으면, 중불로 낮추
어 가끔 저어가며 2분 정도 끓이다가
녹말물을 넣고 약불로 낮추어 2분 정도
더 끓인다.

5 우유시럽 끓이기
냄비에 우유시럽 재료를 함께 넣고 센 불
에 올려 끓으면, 중불로 낮추어 가끔
저어가며 2분 정도 끓이다가 녹말물을
넣고 약불로 낮추어 2분 정도 더 끓인다.

6 우유시럽 붓기
떡케이크가 식으면 눌레에 케이크용
띠를 두른 뒤 복분자시럽을 넣고 약간
굳힌다. 복분자시럽이 약간 굳으면 우유
시럽을 넣고 굳힌 다음 떡 위에 복분자
로 장식한다.

두고 먹어도 좋은 맛있는 떡

사과향단자

재료 및 분량

찹쌀가루 2컵(200g), 물 2⅔큰술(40g)
소금 ½작은술(2g), 설탕 2½큰술(30g)

달걀 흰자 10g

옥수수녹말 10g

소
찐 거피팥 100g, 땅콩(다진 것) 20g

꿀 10g(½큰술), 절인 사과 30g

사과정과 100g

장식용 떡고명
찐 멥쌀반죽(치자반죽, 쑥색반죽)

조리도구

26cm 찜기, 방망이

Cooking Tip

• 찹쌀반죽에 달걀 흰자와 설탕을 넣고
뽀얗게 되도록 많이 치댄다.

1 쌀가루 체에 내리기
찹쌀가루에 소금과 물을 넣고 잘 섞어
비벼서 체에 내린다.

2 소 만들기
찐 거피팥, 땅콩, 절인 사과, 꿀 등을 섞어
소를 만들어 8g씩 나눈다.

3 떡 찌기
찜통에 물을 올려 센 불에서 끓으면 찜
기에 젖은 면포를 깔고 쌀가루를 넣은 다
음 김이 오른 후 15분간 찐다.

4 떡반죽 만들기
볼에 찹쌀반죽을 넣고 뜨거울 때 달걀
흰자와 설탕을 넣고 방망이로 꽈리가 일
도록 친다.

5 단자 만들기
쳐진 떡반죽에 앙금소를 넣고 동그랗게
만든 다음, 겉면에 녹말을 묻히고 떡
가운데를 눌러 모양을 만든다.

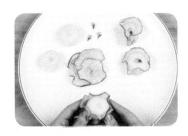

6 사과정과 돌리기
사과정과 위에 떡을 올리고 꽃절편으로
꽃모양을 만들어 떡 위에 장식한다.

꿀채와 꿀과육을 넣어 만든
파티에 어울리는 떡

특별한 날 찾게 되는 별미떡

귤영컵케이크

재료 및 분량

멥쌀가루 2컵(200g), 소금 ½작은술(2g)
물 2큰술(30g), 설탕 1½큰술(18g)

귤껍질 조림
귤껍질 10g, 설탕 3큰술(36g)
물 45g(3큰술)

귤과육 당침
귤과육 80g, 설탕 1큰술(12g)

생크림 100g, 치자물 2작은술(8g)

조리도구

26cm 찜기, 16cm 냄비, 유산지컵
짤주머니

Cooking Tip

• 귤채를 썰 때 가늘게 썰어야 예쁘다.
• 크림장식을 만들 때 짤주머니로 다양
한 모양을 만들 수 있다.

1 쌀가루 체에 내리기
멥쌀가루에 소금을 넣고 고루 섞어
물을 넣고 비벼 체에 내린다.

2 귤과육, 귤채 준비하기
귤은 깨끗이 씻어 겉껍질을 벗겨 속껍
질을 저며낸 후, 길이 2cm 정도의 고운
채로 썰어 설탕과 물을 넣고 중불에서
3~4분간 조리고, 과육은 속껍질을 벗겨
설탕에 10분간 재웠다가 체에 받쳐 물기
를 뺀다.

3 쌀가루에 귤과육, 귤채 섞기
멥쌀가루에 설탕과 귤채, 귤과육을 넣고
고루 섞는다.

4 쌀가루 컵에 담기
준비해 놓은 쌀가루를 유산지컵에 담고,
찜기에 물을 넣고 센 불에서 끓으면
찜기 중간틀에 넣고 김이 오른 찜기에
서 15~20분간 찐다.

5 크림거품 만들기
생크림에 치자물을 섞어 거품기로 저어
크림을 만든다.

6 크림장식 만들기
귤찜 컵케이크가 식으면 생크림을 짤주
머니로 짜서 장식한다.

모카가루를 넣어 향이
짙은 떡케이크

특별한 날 찾게 되는 별미떡
모카떡케이크

재료 및 분량

멥쌀가루 3컵(300g), 소금 ¼큰술(3g)
모카커피물 4큰술(모카커피가루 2g + 물 4큰술)
땅콩가루 20g, 아몬드가루 20g
설탕 2½큰술(30g)

모카크림
생크림 ½컵(100g),
모카커피가루 2g + 물 1작은술(5g)

고명
초콜릿 10g, 크런치 5g

장식용 떡고명
꽃절편

조리도구

26cm 찜기, 16cm 대나무찜기

Cooking Tip

- 모카크림은 많이 바르지 않는다.
- 생크림을 미리 만들어놓으면 거품이 가라
  앉으므로 케이크에 얹을 때 크림을 휘핑
  한다.
- 떡케이크가 뜨거울 때 크림을 바르면 크
  림이 녹으므로 떡케이크가 완전히 식은
  후에 크림을 펴 바른다.

1 쌀가루 섞기
멥쌀가루에 소금과 모카커피물을 넣고
고루 비벼 섞어서 체에 내린 다음 땅콩
가루와 아몬드가루, 설탕을 넣고 고루
섞는다.

2 쌀가루 넣기
대나무찜기에 밑을 깔고 쌀가루를 넣고
고루 펴서 수평으로 평평하게 한다.

3 떡 찌기
찜통에 물을 붓고 센 불에 올려 끓으면,
찜기에 대나무찜기를 넣고 20분 정도
찐다.

4 모카크림 만들기
모카커피가루에 물을 넣어 먼저 잘 풀
어준 후 생크림을 넣고 거품기로 저어
모카크림을 만든다.

5 모카크림 바르기
찐 떡케이크가 식으면 모카크림을 고
루 펴서 바른다.

6 크런치 장식하기
케이크의 옆면에 크런치를 붙여 장식하고,
케이크 윗면에 초콜릿을 고루 뿌린 뒤
꽃절편으로 꽃모양을 만들어 떡을 얹는다.

(사)한국전통음식연구소 윤숙자 교수가
색다르게 디자인한 **아름다운 퓨전떡**

Part.6

출출할 때 먹는 별미
한끼 식사 떡

설기마늘토스트 • 치킨떡샌드위치 • 까르보나라떡볶이 • 앙금절편
녹차인절미 • 녹차치즈떡케이크 • 설화떡 • 떡볶이그라탱
라이스와플 • 호박고지찰시루떡 • 스파게티떡볶이 • 포도방울약식
고구마녹차떡케이크 • 단호박새우떡피자 • 현미찰떡샐러드
고구마크림찹쌀떡 • 꽃버선떡볶이

떡 위에 마늘 버터를
얹어 구워먼 떡

출출할 때 먹는 별미 한끼 식사 떡

설기 마늘토스트

재료 및 분량

멥쌀가루 2컵(200g), 찹쌀가루 ½컵(50g)
소금 ¼큰술(3g), 물 3⅓큰술(50g)

마늘버터
버터 2큰술(60g)
다진 마늘 2큰술(32g)
파슬리가루 ⅓큰술(3.5g)
다진 양파 1큰술(15g)
흰 후춧가루 0.1g

허니머스터드 소스
마요네즈 3큰술(30g), 양겨자 1큰술(15g)
꿀 1½큰술(27.5g)

조리도구

26cm 찜기, 사각떡틀, 프라이팬

Cooking Tip

• 오븐을 180℃로 예열한 다음, 떡을 넣고 8~10분 정도 굽는다.
• 허니머스터드 소스는 기호에 따라 발라 먹는다.

1 쌀가루 체에 내리기
멥쌀가루와 찹쌀가루에 소금과 물을 넣고 고루 비벼 섞어서 체에 내린다.

2 마늘버터 만들기
버터에 다진 마늘, 파슬리가루, 다진 양파, 흰 후춧가루를 섞어서 마늘버터를 만든다.

3 허니머스터드 소스 만들기
마요네즈에 양겨자와 꿀을 넣고 섞어서 허니머스터드 소스를 만든다.

4 떡 찌기
찜기에 젖은 면포를 깔고 사각틀을 놓고 떡틀 안에 쌀가루를 1cm 정도로 넣고 고루 편 다음 가로·세로 7cm 정도로 칼집을 넣는다. 찜통에 물을 붓고 센 불에 올려 끓으면 찜기 중간틀을 올리고 15분 정도 찐 다음 식힌다.

5 마늘버터 바르기
찐 떡의 양쪽 면에 마늘버터를 바른다.

6 떡 굽기
중불에서 팬을 달구어 마늘버터 바른 떡을 넣고 앞뒤로 굽는다.

출출할 때 먹는 별미 한끼 식사 떡
치킨떡샌드위치

재료 및 분량

멥쌀가루 1⅔컵(170g), 찹쌀가루 ⅓컵(30g)
소금 ½작은술(2g), 물 1⅓큰술(40g)
양파 50g, 오이 50g, 당근 10g, 피클 30g
할라피뇨 20g

단촛물
설탕 3⅓큰술(40g), 식초 1½큰술(22.5g)
소금 ½작은술(2g)

닭가슴살 100g, 물 3컵(600g)
소금 ¼작은술(1g), 청주 2큰술(30g)
간장 ½작은술(3g), 파 10g, 마늘 1개(5g)

양념
마요네즈 50g, 케첩 10g, 소금 ¼작은술(1g)
흰 후춧가루 ⅛작은술(0.3g)
머스터드 10g

조리도구

26cm 찜기, 사각떡틀

Cooking Tip

- 샌드위치는 반드시 랩으로 포장한 뒤에 잘라야 자른 면이 매끄럽고, 소가 빠지지 않는다.
- 채소의 수분을 적절히 빼주지 않으면 물이 나오므로 주의한다.

1 쌀가루 체에 내리기 · 떡 찌기
멥쌀가루에 찹쌀가루와 소금, 물을 넣고 고루 비벼 섞어서 체에 내린다.
찜기에 젖은 면포를 깔고 샌드위치 틀을 놓은 다음 쌀가루를 넣고 윗면을 평평하게 한 뒤 가로 · 세로 8cm 정도로 칼금을 넣는다. 찜통에 물을 붓고 센 불에 올려 끓으면 찜기를 올리고 15~20분 정도 찐 다음 차게 식힌다.

3 닭가슴살 손질하기
냄비에 물을 붓고 끓으면 닭가슴살과 소금, 청주, 간장, 파, 마늘을 넣고 센 불에서 15분 정도 삶아 건져서 한 김 식으면 폭 0.5cm 정도로 찢는다.

5 머스터드 바르기
떡의 한쪽 면에 머스터드를 고루 펴서 바른다.

2 부재료 손질하기
양파와 오이, 당근은 깨끗이 씻어 0.5×3cm 크기로 썰고, 오이는 길이로 반을 갈라 길이 3cm, 두께 0.3cm 정도로 어슷썰어 단촛물에 각각 넣고, 10분 정도 절인 다음 물기를 꼭 짠다. 피클과 할라피뇨는 어슷썰어서 0.3cm 두께로 채썰어 물기를 뺀다.

4 소 만들기
그릇에 닭가슴살과 양파, 오이, 당근, 피클, 할라피뇨 등을 넣고 마요네즈, 케첩, 소금, 흰 후춧가루를 넣고 양념하여 샌드위치 소를 만든다.

6 샌드위치 만들기
떡 한쪽 면에 샌드위치 소를 놓고 평평하게 하여 샌드위치떡을 위에 덮는다. 떡샌드위치를 비닐 랩으로 싼 다음 먹기 좋은 크기로 자른다.

출출할 때 먹는 별미 한끼 식사 떡

까르보나라떡볶이

재료 및 분량

조랭이떡 150g

크림소스
양파 30g, 마늘 2개(10g)
양송이버섯 2개(20g), 브로콜리 40g
올리브유 ½큰술(6.5g), 홍피망 30g
베이컨 30g, 우유 ½컵(100g)
생크림 ¼컵150g)

파마산 치즈 5g, 소금 ¼작은술(1g)
후춧가루 ⅛작은술(0.3g)

조리도구

26cm 찜기, 16cm 냄비, 30cm 프라이팬

Cooking Tip
· 기호에 따라 다른 채소나 해물을 넣기
  도 한다.
· 조랭이떡을 만들어 약간 군혀서 사용
  하면 쫀득거린다.

1 부재료 손질하기(1)
양파와 마늘, 양송이버섯은 다듬어 씻어
서 양파는 가로 1cm, 세로 2.5cm 정도로
썬다. 마늘과 양송이버섯은 두께 0.3cm
정도로 편으로 썬다.

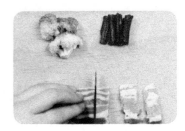

2 부재료 손질하기(2)
브로콜리는 밑동을 잘라 2cm 정도로 썰
고, 홍피망은 씻어서 씨와 속을 떼어내
고 가로 2cm, 세로 3cm 정도로 썬다. 베
이컨은 가로 2.5cm, 세로 3.5cm 정도로
썬다.

3 브로콜리 데치기
냄비에 물을 붓고 끓으면 소금과 브로콜
리를 넣고 2분 정도 데쳐서 물기를 뺀다.

4 크림소스 끓이기
팬을 달구어 올리브유와 마늘을 넣고
중불에서 2분 정도 볶은 다음, 양파와 양
송이버섯을 넣고 1분 정도 더 볶는다. 우
유와 생크림을 넣고 센 불에 올려 끓인다.

5 조랭이떡 넣고 끓이기
끓는 크림소스에 조랭이떡을 넣고 중불
로 낮추어 5분 정도 끓이다가 양파와 베
이컨을 넣고 2분 정도 끓인다.

6 파마산 치즈 넣기
소스와 조랭이떡이 어우러지면 브로콜리
와 홍피망, 파마산 치즈를 넣어 1분 정도
끓인 뒤 소금과 후춧가루로 간을 한다.

출출할 때 먹는 별미 한끼 식사 떡

앙금절편

재료 및 분량

멥쌀가루 5컵(500g), 소금 ½큰술(6g)
물 1컵(200g)

소
팥앙금 200g

조리도구

26cm 찜기, 실리콘패드, 떡도장

Cooking Tip

• 멥쌀가루에 찹쌀가루를 섞어서 부드
럽게 만들기도 한다.
• 소는 팥앙금 외에 동부앙금이나 완두
앙금 등을 넣어도 좋다.

1 쌀가루 수분 주기
멥쌀가루에 분량의 소금을 넣고, 고루
섞은 뒤 물로 수분을 준다.

2 떡 찌기
멥쌀가루가 축축할 정도로 수분을 주고,
찜기에 젖은 면포를 깔고 수분을 준 쌀가
루를 안친 다음 찜통에 물을 붓고 끓으
면 김이 오른 후 15~20분 정도 찐다.

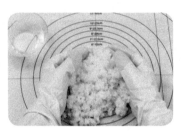

3 떡반죽 치대기
쪄진 떡반죽을 뜨거울 때 치댄다.

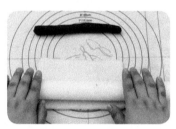

4 떡반죽과 앙금 만들기
앙금은 긴 막대모양으로 만들고, 치댄
반죽은 0.7cm 정도 두께로 민다.

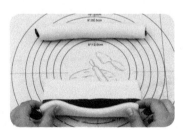

5 떡에 앙금 넣고 말기
밀어놓은 떡반죽 가운데 앙금을 넣고
감싸 말아서 가래떡 형태로 만든다.

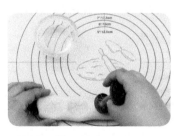

6 떡 모양내고 자르기
떡을 떡살로 문양을 내고, 사선으로
자른다.

212
—
213

출출할 때 먹는 별미 한끼 식사 떡
녹차인절미

재료 및 분량

찹쌀가루 5컵(500g), 소금 ½큰술(6g)
녹차가루 1큰술(6g)
우린 찻잎 30g

고물

거피팥 1컵(160g), 소금 1작은술(4g)
설탕 3큰술(36g)

조리도구

26cm 찜기, 실리콘패드

Cooking Tip

• 떡에 녹차가루나 녹차잎을 넣어주면
영양떡이 되고, 더디게 굳는다.

1 찹쌀가루 체에 내리기
찹쌀가루에 소금과 녹차가루를 넣고
체에 내린다.

2 부재료 손질하기
우린 찻잎은 물기를 꼭 짜서 곱게
다진다.

3 쌀가루에 부재료 섞기
체에 내린 찹쌀가루에 물로 수분을
주고 고루 비빈 후, 다진 찻잎을 넣고
고루 섞는다.

4 떡 찌기
찜기에 면포를 깐 뒤 설탕을 뿌리고,
찹쌀가루를 안쳐 김 오른 찜통에 올려
20분간 찐다.

5 거피팥고물 만들기
거피팥은 8시간 정도 불려 껍질을 벗겨
깨끗이 씻어 김 오른 찜통에 40분 정도
쪄낸 후 소금을 넣고 찧어 체에 내려
설탕을 넣고 고물을 만든다.

6 고물 묻히기
잘 쪄진 떡을 치댄 후, 먹기 좋게 잘라서
고물을 묻힌다.

출출할 때 먹는 별미 한끼 식사 떡

녹차치즈떡케이크

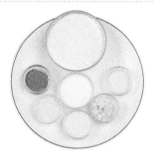

재료 및 분량

멥쌀가루 3컵(300g), 녹차가루 4g
소금 ¼큰술(3g)
우유 4⅔큰술(70g), 설탕 3큰술(36g)

고물
코코넛가루 3g, 녹차가루 0.1g

롤치즈 30g

장식용 떡고명
노란 꽃절편

조리도구

26cm 찜기, 16cm 대나무찜기

Cooking Tip

• 유산지컵에 쌀가루를 넣고 떡을 찌면 선물하기에 편리하다.
• 색을 들인 절편반죽으로 꽃장식을 만들어 올리기도 한다.

1 녹차가루 섞기
멥쌀가루에 녹차가루와 소금을 넣고 고루 비벼 섞어서 체에 내린다.

2 우유 섞기
쌀가루에 우유를 넣고 고루 비벼 섞어서 체에 내린 다음 설탕을 넣고 고루 섞어 체에 한 번 더 내린다.

3 고물 만들기
코코넛가루에 녹차가루를 넣고 고루 섞어 고물을 만든다.

4 쌀가루 넣기
대나무찜기에 밑을 깔고 쌀가루의 ½ 양을 넣어 고루 편 다음, 롤치즈를 고루 펴서 넣는다. 그 위에 나머지 쌀가루의 ½ 양을 넣고 고루 펴서 평평하게 한다.

5 떡 찌기
찜기에 물을 붓고 센 불에 올려 끓으면 대나무찜기를 넣고 15~20분 정도 찐다.

6 고물과 고명 올리기
찐 떡케이크를 그릇에 담고 둘레에 케이크용 띠를 두른 다음 고물을 고루 뿌린다. 떡 위에 꽃절편으로 꽃모양을 만들어 장식한다.

출출할 때 먹는 별미 한끼 식사 떡

설화떡

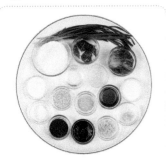

재료 및 분량

멥쌀가루 1¾ 컵(180g), 찹쌀가루 ¼ 컵
(20g)
소금 ½작은술(2g), 물 2⅔큰술(40g)
돼지고기(목살) 100g, 부추 20g
김치 30g

양념장
고춧가루 ½큰술(4.5g), 고추장 ⅔큰술
(13g)
다진 파 ½큰술(7g), 다진 마늘 ⅔큰술(7g)
설탕 ½큰술(6g), 청주 ½큰술(7.5g)
생강즙 ½큰술(7.5g), 깨소금 3g
후춧가루 0.1g, 참기름 ½큰술(6.5g)

조리도구

26cm 찜기, 프라이팬, 원형 몰드

Cooking Tip

• 둥근 몰드로 찍은 후 랩으로 싸놓으면
둥글게 모양이 잘 잡힌다.
• 떡샌드의 소 재료는 물기 없이 한다.

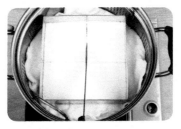

1 쌀가루 체에 내리기 · 떡 찌기
멥쌀가루와 찹쌀가루에 소금, 물을 넣고
고루 비벼 섞어서 체에 내린다. 찜통에
물을 올려 센 불에서 물이 끓으면 찜기
에 면포를 깔고 쌀가루를 넣은 뒤 평평
하게 한 다음 4쪽으로 칼금을 넣고 15분
간 찐다.

2 돼지고기 양념하기
돼지고기는 핏물을 닦고 곱게 다진 다음
양념장을 함께 넣고 10분 정도 재워
놓는다.

3 부재료 손질하기
김치는 소를 털어내고 부추는 각각 다져
놓는다.

4 재료 볶기
팬을 달구어 돼지고기를 볶다가 다진
김치와 부추를 넣고 볶는다.

5 샌드모양 만들기
떡에 양념한 돼지고기 소를 넣고 떡으로
위를 덮는다.

6 몰드로 찍기
떡을 덮은 떡샌드 위를 원형 몰드로
찍는다.

출출할 때 먹는 별미 한끼 식사 떡

떡볶이그라탱

재료 및 분량

떡볶이떡 150g
브로콜리 40g, 당근 30g, 양파 30g
청피망 30g, 홍피망 30g
어묵 ½장(25g), 홍합살 30g
칵테일새우 30g, 오징어 30g
식용유 1큰술(13g)

소스
고추장 1½큰술(27.5g), 고춧가루 1큰술(7g)
다진 마늘 ½큰술(8g), 꿀 1큰술(19g)
설탕 ½작은술(2g), 물 1컵(200g)
소금 ¼작은술(1g)

피자치즈 70g

조리도구

16cm 냄비, 30cm 프라이팬

Cooking Tip

- 떡볶이떡이 굳은 경우 끓는 물에 데쳐서 사용한다.
- 오븐이 없는 경우 전자레인지에 넣기도 한다.
- 기호에 따라 다른 채소나 해물을 넣을 수 있다.

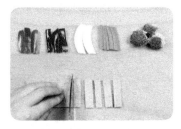

1 부재료 손질하기
브로콜리는 깨끗이 씻어 밑동을 자르고 2cm 정도로 자른다. 당근과 양파는 다듬어 씻어서 길이 4cm, 폭 1cm, 두께 0.5cm 정도로 썬다. 청피망, 홍피망도 깨끗이 씻어 당근과 같은 크기로 썬다. 어묵은 길이 4cm, 폭 1cm 정도로 썬다.

2 해산물 손질하기
홍합살과 칵테일새우는 심심한 소금물에 씻고, 오징어는 깨끗이 씻어서 안쪽 면에 칼집을 넣어 길이 4cm, 폭 1cm 정도로 썬다.

3 부재료 데치기
냄비에 물을 붓고 끓으면 소금과 브로콜리를 넣어 2분 정도 데쳐내고 홍합살과 칵테일새우, 오징어도 각각 1분 정도 데친다.

4 소스 만들기 · 해물 넣어 끓이기
소스재료를 한데 넣고 섞어서 소스를 만든다. 팬을 달구어 식용유를 두르고 홍합살과 칵테일새우, 오징어를 넣고 센 불에서 1분 정도 볶다가 소스를 붓고 2분 정도 더 끓인다.

5 떡볶이 끓이기
소스가 끓으면 떡볶이떡을 넣고 중불로 낮추어 2분 정도 끓이다가 당근과 양파를 넣고 2분 정도 더 끓여 떡볶이를 만든다.

6 그라탱 만들기
그릇에 떡볶이를 담고 브로콜리를 넣고 피자치즈를 뿌린다. 오븐은 200℃로 예열한 다음 그라탱 그릇을 넣고 180℃에서 10분 정도 굽는다.

출출할 때 먹는 별미 한끼 식사 떡

라이스와플

재료 및 분량

찹쌀가루 1컵(100g), 멥쌀가루 1컵(100g)
베이킹파우더 ½작은술(3g)
소금 ½작은술(2g), 물 2큰술(30g)
밤 3개(45g), 아몬드 20g, 건포도 10g
곶감 30g
버터 ⅛컵(25g)

반죽
달걀 2개(120g)
설탕 2큰술(24g), 식용유 1큰술(13g)

조리도구

거품기, 와플기계

Cooking Tip

• 기호에 따라 잼이나 휘핑크림, 아이스
  크림, 과일 등을 곁들여 먹기도 한다.
• 와플을 구울 때 온도 조절에 유의한다.

1 쌀가루 체에 내리기
찹쌀가루와 멥쌀가루에 베이킹파우더와
소금을 넣고 고루 비벼 섞어서 체에 내
린다.

2 부재료 손질하기
밤은 껍질을 벗기고 가로·세로 0.5cm
정도로 썬다. 아몬드와 건포도도 밤과
같은 크기로 썰고, 곶감은 꼭지를 떼고
씨를 발라낸 뒤 밤과 같은 크기로 썬다.

3 달걀 거품내기
달걀은 흰자와 노른자로 나누어 노른자
에 설탕 ½ 양(12g)을 넣고 거품기로 젓는
다. 흰자는 거품기로 저어 거품이 50%
정도 올라오면 남은 설탕 ½ 양(12g)을
넣고 저어 거품을 낸다.

4 와플 반죽하기
쌀가루에 물을 넣고 섞어서 노른자와
식용유를 넣고 가볍게 섞는다. 반죽에
흰자 거품을 넣고 잘 섞은 다음 밤과 아
몬드, 건포도, 곶감을 넣고 주걱으로
고루 섞는다.

5 와플 굽기
와플기계는 3단에서 1분 정도 예열한다.
예열된 와플기계에 버터를 바르고 반죽
량의 ⅓ 양을 넣고 약불에서 1분 정도 굽
는다.

6 와플 버터 바르기
노릇하게 색이 나면 다시 버터를 바르고
센 불로 올려 1분 정도 더 구워 색을
낸다. 계속 반복해서 만든다.

흰박고지가 들어가
가을을 느끼게 하는 찰떡

출출할 때 먹는 별미 한끼 식사 떡

호박고지찰시루떡

재료 및 분량

찹쌀가루 8컵(800g), 소금 ⅔큰술(8g)
호박고지 50g, 완두배기 100g
흑설탕 1컵(160g)

고물

붉은팥 2컵(320g), 소금 ½큰술(6g)

조리도구

26cm 찜기, 냄비, 사각떡틀

Cooking Tip

- 호박고지를 너무 오래 불리면 풀어지고, 물러져서 질감이 나빠진다.
- 가운데 넣는 부재료는 두툼하게 듬뿍 넣어야 쪄진 뒤에 단면이 보기 좋다.

1 찹쌀가루 체에 내리기
찹쌀가루에 소금을 넣고 고루 섞어, 물로 수분을 준 뒤 체에 내린다.

2 팥 삶기
붉은팥은 씻은 뒤 냄비에 물을 붓고 끓으면 물은 버리고 팥 3배 정도의 물을 다시 붓고 푹 삶는다.

3 팥고물 만들기
팥이 다 익으면 뜸을 들인 다음, 소금을 넣고 훌훌 섞어 방망이로 빻아서 체에 내려 고물을 만든다.

4 호박고지 불리기
호박고지는 5분 정도 불려서 물기를 뺀다.

5 떡틀에 쌀가루 채워 찌기
찜기에 젖은 면포를 깔고 사각틀을 올린 다음, 붉은팥고물–쌀가루–호박고지, 완두배기, 흑설탕 쌀가루–붉은팥고물 순으로 올리고, 찜통에 물을 붓고 끓으면 찜기를 올려 김이 오른 후 20분 정도 찐다.

6 등분하기
찐 떡을 꺼내어 가로 3cm, 세로 5cm 정도의 크기로 자른다.

스파게티소스를 넣어
만든 떡볶이

스파게티떡볶이

재료 및 분량

떡볶이떡 200g

양파 50g, 청피망 30g, 브로콜리 20g
홍피망 30g

홍합살 30g, 칵테일새우 20, 오징어 20g

스파게티소스 80g, 피자치즈 15g

식용유 1큰술(13g), 물 ⅔컵(150g)

소금 ¼작은술(1g), 후춧가루 ⅛작은술
(0.5g)

조리도구

16cm 냄비, 30cm 프라이팬

Cooking Tip

• 떡볶이떡이 굳은 경우 끓는 물에 데쳐
서 사용한다.

• 기호에 따라 다른 채소나 해물을 넣기
도 한다.

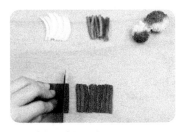

1 부재료 손질하기
양파는 다듬어 씻어서 폭 0.5cm 정도로
채썰고, 청·홍피망은 씻어서 씨와 속을
떼어내고 길이 4cm, 폭 0.5cm 정도로
채썬다. 브로콜리는 밑동을 자르고 2cm
정도로 자른다.

2 해산물 손질하기
홍합살과 칵테일새우는 다듬어서 소금
물에 흔들어 씻고, 오징어는 다듬어 씻
어서 사선이 겹치도록 칼집을 넣어 길이
4cm, 폭 1cm 정도로 채썬다.

3 부재료 데치기
냄비에 물을 붓고 끓으면 소금과 브로콜
리를 넣고 20초 정도 데쳐내고 홍합살,
칵테일새우, 오징어를 각각 넣고 1분 정도
데친다.

4 해산물 볶기
팬을 달구어 식용유를 두르고 센 불에서
홍합살과 칵테일새우, 오징어를 넣고
1분 정도 볶다가 스파게티소스와 물을
붓고 2분 정도 끓인다.

5 떡볶이 끓이기
소스가 끓으면 떡볶이떡을 넣고 중불로
낮추어 2분 정도 끓이고, 양파와 청·홍
피망, 브로콜리를 넣어 2분 정도 끓이다
가 소금과 후춧가루를 넣고 간을 한다.

6 피자치즈 넣고 익히기
피자치즈를 넣고 치즈가 녹을 때까지
1분 정도 끓인다.

포도즙을 넣어 포도의 맛과
향기를 내는 약식

출출할 때 먹는 별미 한끼 식사 떡

포도방울약식

재료 및 분량

찹쌀 1½ 컵(270g)
포도즙 2½컵(포도 400g + 물 4컵)
밤 5개(75g), 치자물 1작은술(5g)
설탕 2큰술(24g), 물 ½ 컵(100g
대추 4개(16g)
호두 3개(15g), 잣 1작은술(3.5g)
건포도 20g

소금물

소금 ½작은술(2g), 물 3큰술(45g)

약식 양념

설탕 6큰술(72g), 꿀 1큰술(19g)
간장 ⅓작은술(2g), 소금 ¼작은술(1g)
참기름 1작은술(4g)

조리도구

26cm 찜기, 약식틀

Cooking Tip

• 약식은 중탕을 해서 쪄야 맛이 좋으
  며, 찌는 중간에 나무주걱으로 고루
  섞어 다시 쪄야 색이 고르게 잘 든다.
• 포도즙이 없을 때는 포도주스를 사용
  한다

1 포도즙 만들기
포도는 깨끗이 씻는다. 냄비에 포도와
물을 붓고 센 불에 올려 끓으면 중불
로 낮추어 15분 정도 끓인 다음 체에
걸러 포도즙을 만들고 차게 식힌다.

2 찹쌀 불리기
찹쌀은 깨끗이 씻어 일어서 포도즙에
2시간 정도 담근 후, 체에 밭쳐 10분 정도
물기를 뺀다.

3 견과류 손질하기
밤은 껍질을 벗겨 4~6등분하고, 대추는
젖은 면포로 닦은 뒤 돌려깎아 6등분한
다. 호두는 6등분하고, 잣은 고깔을 떼
고 면포로 닦는다. 냄비에 밤을 넣고 치
자물과 설탕, 물을 붓고 센 불에 올려 끓
으면 3분 정도 조린다.

4 찹쌀 찌기
찜통에 물을 붓고 센 불에 올려 끓으
면, 찜기에 젖은 면포를 깔고 색을
들인 찹쌀을 넣고 고루 쪄서, 30분
정도 찐 다음 소금물을 고루 끼얹고, 나
무주걱으로 섞어서 30분 정도 더 찐다.

5 약식 양념 넣고 찌기
찐 찹쌀이 뜨거울 때, 약식 양념을 넣고
고루 섞은 다음 밤, 대추, 호두, 잣, 건포
도를 넣고 골고루 섞는다.

6 약식 중탕하여 모양 만들기
볼에 양념한 약식을 넣고 중탕으로 1시
간 정도 찐다. 약식틀에 쪄놓은 약식을
채워 넣고 모양을 만든다.

출출할 때 먹는 별미 한끼 식사 떡

고구마녹차떡케이크

재료 및 분량

멥쌀가루 3컵(300g), 소금 ⅗작은술(3g)
녹차가루 2작은술(4g)
설탕 3큰술(36g)
고구마 100g, 치자물 3큰술(45g)
설탕 2큰술(24g)

장식
카스텔라 1개, 녹차가루 1큰술(6g)

조리도구

26cm 찜기, 16cm 대나무찜기
강판, 케이크용 띠

Cooking Tip

• 떡이 뜨거울 때 카스텔라 고물을 올리
면 고물이 질어져서 뭉치므로 한 김
식힌 뒤 고물을 올린다.
• 녹차가루를 많이 넣으면 떡맛이 써지
므로 기호에 따라 녹차가루를 조절
한다.

1 멥쌀가루 체에 내리기
멥쌀가루에 소금과 녹차가루, 물을 넣고
잘 비벼 체에 내린다.

2 쌀가루 수분 주기
체에 내린 쌀가루에 우유로 수분을
준다.

3 부재료 손질하기
고구마는 사방 0.5cm로 자른 뒤 물에
담가 전분을 빼고, 냄비에 물과 설탕을
넣고 조려 체에 밭쳐 식혀준다.

4 떡 찌기
쌀가루에 삶아놓은 고구마와 설탕을
넣고 훌훌 섞은 뒤, 딤섬에 시루밑을
깔고 쌀가루를 안쳐서 김이 오른 찜기에
올려 15분 정도 찐다. 뜨거울 때 케이크
용 띠지를 두른다.

5 장식
카스텔라는 진한 부분을 제거하고 강판
에 갈고 녹차가루를 섞어 장식을 만
든다.

6 장식하기
다 쪄진 떡이 한 김 식으면 녹차카스텔
라 장식을 올린다.

쌀로 만든 단호박피자
반죽에 여러 가지 토핑을
올린 떡피자

출출할 때 먹는 별미 한끼 식사 떡

단호박새우떡피자

재료 및 분량

찹쌀가루 170g, 멥쌀가루 3큰술(32g)
설탕 1큰술(12g), 베이킹파우더 2g
소금 ¼작은술(1g)

단호박 130g, 브로콜리 10g, 양파 50g
파프리카 10g, 칵테일새우 30g
베이컨 20g

피자치즈 70g, 피자소스 40g

식용유 5g

조리도구

16cm 냄비, 30cm 프라이팬

Cooking Tip

• 프라이팬으로 피자를 만들 때 약불에
  서 서서히 노릇하게 익혀야 좋다.
• 단호박 대신 고구마를 이용해도 좋다.

1 쌀가루 체에 내리기
찹쌀가루와 멥쌀가루에 베이킹파우더와
소금을 넣고 고루 섞어서 체에 내린다.

2 부재료 손질 · 반죽 만들기
단호박은 씨와 속을 긁어내고 브로콜리
와 양파, 적파프리카는 다듬어 씻고 브로
콜리는 2cm 크기로 자르고 양파와
파프리카는 길이 5cm, 폭 0.5cm 정도로
썬다. 칵테일새우는 손질하고, 베이컨은
폭 1cm 정도로 썬다. 찜기에 물을 붓고
센 불에 올려 끓으면 단호박을 넣고 15분
정도 찐 다음, 과육만 긁어 쌀가루에
넣고 고루 섞어서 떡반죽을 만든다.

3 부재료 익히기
냄비에 물을 붓고 끓으면 소금과 브로콜
리를 넣어 1분 정도 데치고, 칵테일새우
는 30초 정도 데쳐 물기를 뺀다. 팬을
달구어 식용유를 두르고 양파와 파프리
카, 베이컨을 넣고 30초 정도 볶는다.

4 피자 만들어 익히기
프라이팬을 약불에 올려 식용유를 넣
은 다음, 단호박 피자반죽을 넣고 고루
펴서 평평하게 한다.

5 피자 토핑 올리기
단호박 피자반죽 밑면이 노릇해지면 뒤
집은 다음 불을 끄고, 윗면에 피자소스
를 고루 바르고 브로콜리와 양파, 파프
리카, 새우, 베이컨 등을 올린다.

6 피자치즈 올리기
토핑 올린 피자에 피자치즈를 고루 뿌
린다. 팬의 뚜껑을 덮고 약불에 3~5분
정도 두었다가 피자치즈가 녹으면 꺼낸다.

현미찰떡을 채소와
곁들여 먹는 떡샐러드

출출할 때 먹는 별미 한끼 식사 떡

현미찰떡샐러드

재료 및 분량

찹쌀가루 2컵(200g), 현미가루 1컵(100g)
소금 ½작은술(2g), 땅콩가루 20g
설탕 2½작은술(10g), 끓는 물 4큰술(60g)

고명
양상추 10g, 치커리 5g
파프리카(빨강, 노랑, 초록) 각 5g
적양파 10g, 땅콩 3g, 피스타치오 3g

소스
사과 80g, 양파 30g, 된장 2큰술(34g)
고추장 1큰술(19g), 식초 ⅓컵(70g)
설탕 5큰술(60g), 소금 2작은술(8g)
물 ½컵(100g), 버터 13g
동부녹말 8g

식용유 50g

조리도구

30cm 프라이팬, 16cm 냄비

Cooking Tip

· 소스는 취향에 따라 요구르트 소스, 과일 소스 등을 곁들이기도 한다.
· 채소는 기호에 따라 다양하게 사용할 수 있다.

1 쌀가루 섞기
찹쌀가루와 현미가루에 소금을 넣고 고루 비벼 섞어서 체에 내린 다음 땅콩 가루와 설탕을 넣고 고루 섞는다.

2 부재료 손질하기
양상추와 치커리는 깨끗이 다듬어 씻고 손으로 한입 크기로 뜯는다. 파프리카와 적양파는 깨끗이 씻어서 길이 5cm, 폭 0.2cm 정도로 썬다. 땅콩과 피스타치오 는 잘게 다진다.

3 소스 재료 갈기 · 끓이기
소스용 사과와 양파는 깨끗이 씻어 가로 · 세로 1cm 정도로 썰어서 믹서에 남은 소스 재료와 함께 넣고 곱게 간다. 냄비에 소스 와 청포녹말을 넣고 센 불에서 끓으면 중 불에서 저어가며 2~3분 끓인다.

4 쌀가루 반죽하여 굽기
쌀가루에 끓는 물을 넣고 익반죽하여 길이 10cm, 폭 5cm, 두께 1cm 정도로 반 대기를 빚는다.

5 떡반죽 굽기
팬을 달구어 식용유를 두르고 빚어놓은 떡반죽을 놓고 중불에서 앞뒤로 뒤집어 가며 노릇하게 굽는다.

6 현미찰떡 담기
구운 현미찰떡이 한 김 식으면 그릇에 채소와 함께 담고 소스를 고루 뿌린다.

출출할 때 먹는 별미 한끼 식사 떡

고구마크림찹쌀떡

재료 및 분량

찹쌀가루 5컵(500g), 소금 ½큰술(6g)
물 ½컵(100g)
녹말가루 ½컵(56g)

소
고구마 2개(300g), 흰 앙금 50g
크림치즈 50g

조리도구

26cm 찜기, 실리콘패드

Cooking Tip

• 찹쌀떡이므로 멥쌀가루보다는 수분의
양을 적게 해야 만들기가 쉽다.

1 찹쌀가루에 수분 주기
찹쌀가루에 소금을 넣고 물로 수분을
준다.

2 고구마 찌기
찜기에 고구마를 찐 다음 껍질을 벗긴다.

3 소 만들기
삶은 고구마에 흰 앙금과 크림치즈를
넣고 찧어 4cm 정도의 크기로 고구마
소를 만든다.

4 떡 찌기
찜통에 물을 붓고 끓으면, 찜기에 젖은
면포를 깔고 수분을 준 찹쌀가루를 안친
다음, 김이 오른 후 20분 정도 찐다.

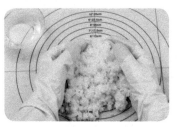

5 떡반죽 치대기
쪄진 찹쌀떡을 충분히 치댄다.

6 찹쌀떡 만들기
찹쌀떡을 직경 4cm 정도로 둥글게 펴서
준비한 고구마소를 넣고 감싼 다음 녹말
을 묻힌다.

출출할 때 먹는 별미 한끼 식사 떡

꽃버섯떡볶이

재료 및 분량

멥쌀가루 ¾컵(75g), 소금 1.5g
물 1큰술(15g)
브로콜리 30g, 청피망 10g, 홍피망 20g
양송이버섯 2개(20g)
베이컨 20g, 바지락 50g

색

딸기가루물 ½작은술(딸기가루 1.5g + 물 ½작은술)
치자물 ¼작은술(치자 1개 + 물 ⅔큰술)
쑥가루 1g

소스

두부 80g, 우유 1¼컵(250g), 생크림 30g
소금 ¼작은술(1g)
후춧가루 ⅛작은술(0.3g)

조리도구

26cm 찜기, 16cm 냄비, 30cm 프라이팬

Cooking Tip

• 떡의 모양과 색은 기호에 따라 다양하게
  만들어 넣기도 한다.
• 기호에 따라 다른 채소나 해물을 넣기
  도 한다.

1 멥쌀가루 체에 내리기
멥쌀가루에 소금과 물을 넣고 고루 비벼
섞는다.

2 부재료 손질하기
브로콜리는 손질하여 가로·세로 2cm 정
도로 썰고, 냄비에 물을 붓고 끓으면 소금
과 함께 넣고 2분 정도 데친다. 청·홍피망은
다듬어 씻어 길이 4cm, 폭 0.5cm 정도로 채
썬다. 양송이버섯은 두께 0.3cm 정도로 썰고
베이컨은 길이 4cm, 폭 0.5cm 정도로 채썬
다. 바지락은 해감시켜 깨끗이 비벼 씻는다.

3 소스 만들기
믹서에 두부와 우유, 생크림을 넣고
곱게 갈아 떡볶이소스를 만든다.

4 떡 색 들여 버섯모양 만들기
찜기에 물을 붓고 센 불에 올려 끓으면 찜
기 중간틀에 젖은 면포를 깔고 쌀가루를
넣어 15분 정도 찐 다음, 치대어 3등분하고
딸기가루물과 치자물, 쑥가루를 각각 넣고
색을 들인다. 떡반죽은 밀대로 두께 0.3cm
정도로 밀어 버섯모양틀로 찍는다.

5 크림소스 끓이기
팬을 달구어 소스를 붓고 센 불에 올려
끓으면 베이컨과 바지락을 넣고 중불
로 낮추어 2분 정도 끓인 다음 청·홍
피망, 양송이버섯, 브로콜리를 넣고 2분
정도 더 끓인다.

6 버섯모양떡 넣고 끓이기
버섯모양떡과 소금, 후춧가루를 넣고
간을 한다.

(사)한국전통음식연구소 윤숙자 교수가
색다르게 디자인한 **아름다운 퓨전떡**

부록

떡 만드는 시간 단축하는 비법
떡에 관한 Q&A
간편 떡 & 예쁜 떡을 만들기 위한
다양한 조리도구

떡 만드는 시간 단축하는 비법

아이를 위한 영양 간식, 아침을 거르기 쉬운 남편을 위한 아침식사 대용식, 떡을 유난히 즐겨 드시는 부모님을 위해 떡을 만들어보자. 떡을 찌기 위해서는 쌀을 불리고, 빻고, 고물을 준비하려면 휴우~ 한숨부터 나오기 마련이다.
미리미리 재료만 준비해 두면 언제든 간편하게 몸에 좋은 재료를 듬뿍 넣어 입맛에 맞게 만들어 먹을 수 있는 떡! 떡 만드는 시간을 단축시키는 비법을 소개한다.

① 쌀가루를 준비할 때는 쌀을 한꺼번에 불려서 방앗간에서 빻은 다음 한번 만들 분량씩 나누어 비닐팩에 밀봉해서 냉동보관하세요. 담은 날짜와 멥쌀인지 찹쌀인지 구분해서 이름표를 붙이면 더 좋습니다.

② 녹두고물, 팥고물 등도 미리 만들어서 한번 만들 분량씩 나누어 비닐팩에 밀봉하여 냉동보관하세요. 언제든지 떡을 해먹기 편리합니다. 단, 고물을 해동하면 수분이 많아 떡이 질어질 수 있으므로 프라이팬에 살짝 볶아서 수분을 날린 다음 사용하거나 전자레인지에 살짝 가열하여 수분을 날리고 사용하면 좋습니다.

③ 제철식품인 감자, 고구마, 단호박 등은 그때그때 구입하여 찐 다음 으깨어 1회분씩 나누어 비닐팩에 담아 냉동보관하세요. 쌀가루에 섞거나 소로 사용해도 좋으며, 떡뿐만 아니라 아이의 이유식, 죽, 한과를 만들 때 등 다양하게 사용할 수 있습니다.

④ 콩, 팥 등 두류는 미리 불리거나 삶아서 냉동보관하세요. 콩과 팥은 삶아서 물기를 빼고 나누어 냉동시켜 두면 편리하고, 완두콩이나 울타리콩 등 제철에 나는 콩도 구입하여 냉동보관해 두고 사용하면 편리합니다.

⑤ 쑥, 수리취, 모시잎, 뽕잎 등 제철 채소는 미리 구입하여 말리거나 데쳐서 냉동보관해 두고 사용하면 사계절 맛있는 떡을 해 먹을 수 있습니다.

⑥ 다양한 조리도구를 활용하세요. 잣가루는 치즈 커터기를 이용하면 편리하게 만들 수 있으며, 고명은 꽃이나 꽃잎 모양의 틀을 이용하여 다양한 모양을 만들 수 있습니다.

⑦ 대형마트나 백화점, 재래시장 등을 활용하세요. 재래시장은 재료가 다양하고 가격이 저렴하지만 소량씩 판매하지 않는 것이 단점입니다. 쉽게 상하는 재료는 대형마트나 백화점에서 필요한 만큼씩 구입하고, 장기간 보관이 가능한 재료의 경우는 재래시장을 이용하세요. 특히 떡과 관련된 재료는 경동시장과 방산시장을 이용하세요.

부록2

떡에 관한 Q&A

Q 밥하는 쌀은 30분~1시간 정도 불리는데 떡은 왜 8시간 이상 불려야 하나요?

A 이론상으로는 불리는 시간이 3시간 정도면 된다고 하지만 8시간 이상 불려야 떡이 부드럽고 질감이 좋습니다.

Q 찹쌀가루를 체에 내려서 떡을 쪘는데 가운데가 설익은 듯 쌀가루가 그대로 있어요.

A 멥쌀가루의 경우 아밀로오스가 풍부하여 체에 3회 정도 내리면 공기가 많이 들어가서 떡의 입자가 곱고, 씹히는 맛이 케이크와 같이 부드럽습니다. 그러나 찹쌀의 경우 아밀로펙틴이 풍부하여 체에 내려 사용하면 끈기가 많아서 찔 때 수증기가 고루 퍼지지 않아 속까지 잘 익지 않으므로 체에 내리지 않거나 굵은체에 내려 사용하면 좋습니다.

Q 쌀가루가 없을 때 집에서 쉽게 떡 만드는 방법을 알려주세요.

A 쌀을 씻어서 미지근한 물에 8시간 정도 불려 물기를 빼서 분쇄기로 곱게 간 다음 체에 내려 사용하면 편리합니다.
단, 물기를 충분히 빼고 갈아주세요.

Q 시중에 판매하는 쌀가루로 떡을 만들었는데 떡이 설익고, 질감이 좋지 않아요.

A 시판되는 쌀가루를 사용할 경우 건조된 쌀가루이므로 수분을 많이 주어 1시간 정도 숙성시켜야 하며, 제품에 따라 녹말가루가 첨가되어 있어 직접 빻은 쌀과는 질감이 조금 다릅니다. 단, 요즘 떡 전문업체에서 쉽게 떡을 찔 수 있도록 판매하는 제품을 구입하시면 편리하게 떡을 만들 수 있습니다.

Q 시루밑이 없을 때는 어떻게 하죠?

A 요즘에는 실리콘재질로 된 시루밑이 있어 영구 재활용이 가능하므로 떡 찌기가 간편해졌습니다. 시루밑이 없을 때는 하얀 종이를 시루밑 크기의 모양으로 잘라 여러 번 접은 다음 가위집을 넣고 펼쳐서 사용하면 됩니다.

❶   ❷   ❸   ❹

Q 떡케이크를 선물받았는데 예쁘게 잘라지지가 않네요.

A 떡은 찌기 전에 칼집을 넣어서 쪄야 단면이 깨끗하고 예쁘게 잘라집니다. 다 쪄진 떡은 단면을 깨끗하게 자르기가 어렵습니다. 다 쪄진 떡을 조금이나마 예쁘게 자르려면 칼에 물을 묻혀 잘라보세요.

Q 찐 떡이 금방 갈라져요.

A 떡은 수분이 부족하면 갈라지기 쉬운데, 아무리 수분공식에 맞추어 물을 주더라도 부재료의 수분상태에 따라 물량이 부족할 수도 또한 남을 수도 있습니다. 따라서 방앗간에서 쌀가루를 빻아 오거나 냉동실에 있던 쌀가루를 이용할 경우 반드시 수분상태를 확인한 다음 쌀가루에 수분을 맞춰주세요. 그러면 실패가 없습니다.

Q 스테인리스 떡틀에 떡을 찌면 겉의 하얀 부분에 쌀가루가 묻어나요

A 스테인리스 떡틀은 대나무 시루나 질시루와 달리 공기 구멍이 없어서 수증기가 침투할 수 없습니다. 따라서 스테인리스 떡틀에 떡을 찔 때는 떡이 ⅔ 정도(10분 정도) 쪄지면 떡틀을 꺼내고, 조금 더 찌면(5분 정도) 겉의 날가루가 없이 떡을 찔 수 있습니다. 다른 방법으로는 스테인리스 떡틀에 쌀가루를 넣고 떡틀을 조금 움직여주시면 됩니다.

Q 떡이 가운데가 익지 않고 딱딱해요.

A 만약 수분량을 잘 맞추어서 떡을 쪘는데도 떡이 가운데 부분만 설익거나 딱딱하다면 아마도 시루에 쌀가루를 채울 때 힘을 주어 눌러서 채운 것으로 보입니다. 시루에 쌀가루를 담을 때는 가득 채워서 가볍게 젓가락 등으로 윗면을 평평하게 수평으로 깎아서 쪄야지, 힘을 주어 누르면 쌀가루 사이사이의 공기층이 없어져 수증기가 통과하지 못하므로 떡이 설익거나 딱딱해집니다.

Q 쌀가루에 소금 넣는 것을 자꾸 잊어버려요.

A 떡을 찔 때마다 쌀가루에 소금을 넣는 것이 번거로울 때는 방앗간에서 쌀을 빻을 때 소금을 넣고 빻아 달라고 말씀하시면 됩니다. 단, 이런 경우에 매번 소금 간을 하는 번거로움은 없지만 부재료에 따라 간이 달라질 수 있으므로 주의하셔야 합니다.

Q 멥쌀시루떡을 찔 때 쌀과 고물의 비율은 얼마인가요.

A 쌀가루와 고물의 비율은 대략 2:1 정도입니다.

Q 떡이 면포에 달라붙어 잘 떨어지지 않아요.

A 떡을 찔 때는 시루밑이나 면포를 깔고 찌는데 가끔 잘 떨어지지 않아서 표면이 매끄럽지 않을 때가 있습니다. 마른 면포를 깔고 떡을 찌면 달라붙으므로 이럴 때는 젖은 면포를 깔고 설탕을 고루 뿌려보세요. 설탕이 녹아서 수분층을 형성하므로 떡이 달라붙지 않고 잘 떨어져 매끈한 모양의 떡을 찔 수 있습니다.

Q 떡에 천연색소를 얼마나 넣어야 색이 예쁜지 잘 모르겠어요.

A 쌀가루에 색을 들일 때는 그냥 가루상태일 때와 쪘을 때의 색이 달라서 실패하기가 쉽습니다. 찌는 떡의 경우 미리 쌀가루에 색을 들일 때 물을 조금 넣고 섞어서 전자레인지에 짧게 가열하여 색을 확인하거나 끓는 물로 적은 양을 익반죽하여 물에 삶아보면 확인할 수 있습니다. 그 밖에 치는 떡의 경우에는 쌀가루에 수분을 주어 찐 다음 떡에 천연가루를 섞어가며 치대어 색을 들이면 원하는 색의 떡을 만들 수 있습니다.

Q 단호박 떡케이크를 만드는데 물을 넣지 않았는데도 떡이 질게 되었어요. 어떻게 해야 하나요?

A 단호박은 때때로 수분이 많은 것이 있어서 쪄서 그대로 사용하면 떡이 질어지게 됩니다. 그 밖에 복분자 등의 과즙을 사용하는 경우에도 원하는 색을 들이기 위해 즙을 넣다 보면 떡이 질어지게 되는 경우가 많습니다. 이럴 때 단호박의 경우는 찐 과육을 면포에 넣고 짜서 과육만 사용하거나 냄비에 넣고 조려서 수분을 날린 다음 사용하면 좋습니다. 과즙의 경우에는 믹서에 갈아서 냄비에 넣고 끓여 농축액을 만들어 사용하면 편리합니다.

Q 떡에 견과류를 넣었는데 특유의 냄새가 나고 딱딱해요.

A 견과류는 지방질이 풍부해서 잘못 보관하거나 오래 보관하면 지방질이 나와서 좋지 않은 냄새가 나고 딱딱해집니다. 이럴 경우 끓는 물에 데쳐서 사용하거나, 설탕물에 조려서 사용하면 부드럽고 달콤하며 고소한 견과류의 맛을 떡과 함께 즐길 수 있습니다. 또한 밤이나 콩과 같이 잘 익지 않는 재료의 경우 살짝 익혀서 사용하면 편리합니다.

간편 떡 & 예쁜 떡을 만들기 위한 다양한 조리도구

떡을 맛있고 간편하게 만드는 도구

계량컵, 계량스푼
재료들을 정확하게 계량하기 위한 필수 기본도구이다.

계량저울
보통 가정에서는 2kg까지 잴 수 있으면 충분하다. 그릇을 올려놓고 영점을 맞춘 다음 재료를 올려 잰다.

온도계
발효온도나 기름 온도를 잴 때 유용하다. 높은 온도까지 잴 수 있는 것으로 구입하는 것이 활용도가 높다.

시루밑
종이나 천을 시루나 딤섬 바닥 크기에 맞게 잘라 쓴다.

냄비
재료를 데치거나 조릴 때 사용한다. 두께가 두꺼운 냄비가 좋고 뚜껑이 있는 게 좋다.

찜기
면포를 깔고 떡을 찌거나 떡틀이나 딤섬을 넣고 떡케이크를 찔 때 사용한다.
가지고 있는 떡틀의 크기에 맞춰서 찜기의 크기를 결정한다.

커터기
쌀가루를 만들거나 재료를 갈 때 사용한다.
커터기의 종류가 다양하므로 용도에 맞게 구입한다.

면포
찜통에 깔고 떡을 찌거나, 수분이 떨어지지 않게 뚜껑을 쌀 때 사용한다.
면포는 재료 손질용과 설거지용으로 구분하여 사용한다.

떡의 맵시를 살리는 다양한 떡틀

원형틀
원형의 떡케이크를 만들 때 사용
하는 틀로 찜통 안에 넣어 사용
한다.

원형주름틀
매작과, 바람떡, 과편 등에 다양
하게 쓰이는 틀이다.

하트모양틀
하트모양의 떡을 찔 때 사용하
는 틀로 작은 사이즈는 고명을
만들 때 사용한다.

사각형틀
반죽을 밀어 사각형틀로 찍어
서 만들면 일정한 크기로 만들
수 있다.

찰떡틀
구름떡, 쇠머리찰떡 등의 찰떡
을 만들어 넣고 냉동고에 굳혀
서 사용한다.

증편틀
작은 증편을 만들 때 좋은 틀이
다. 증편반죽을 넣고 고명을 얹
어 방울증편을 만든다.

떡 파이틀
밑판이 분리되는 것이 파이를
꺼낼 때 편리하다.

대나무찜기
원형의 떡케이크를 만들 때
사용하며 크기가 다양하다.

떡케이크용 띠
떡케이크를 완성한 후 둘러
주면 장식효과와 함께 옆면이
마르는 것을 방지해 준다.

떡살
절편 위에 문양을 찍을 때 사용
한다. 여러 가지 모양이 있다.

개피떡틀
바람떡을 만들 때 사용한다.
없으면 종지나 계량컵을 사용
한다.

마지팬스틱
떡이나 한과를 만들 때 모양을
만들기 위해 사용한다.

한과의 모양을 살리는 다양한 틀

약과틀
약과의 모양을 내는 네모틀이다.

하트모양 과편틀
하트모양의 과편을 만들 때 사용하며 모양틀을 이용하면 여러 모양의 과편을 만들 수 있다.

사각과편틀
과편을 굳혀서 사각으로 썰거나 모양틀을 이용하여 모양을 낼 때 사용하면 좋다.

엿강정틀
깨강정이나 쌀엿강정을 틀 안에 넣고 밀대로 밀면 두께가 일정한 강정을 만들 수 있다.

양갱틀
양갱이나 과편 반죽을 넣고 굳혀서 일정한 크기로 잘라 만들 때 사용한다.

다식틀
다식 반죽을 넣고 힘을 주어 누르면 예쁜 모양이 찍혀 나온다.

각종 고명용 틀

다양한 고명용 틀
떡의 고명을 만드는 데 사용하는 틀.

꽃모양틀
대추꽃이나 그 밖에 꽃모양의 고명을 만들 때 사용한다.

찾아보기

저자와의
합의하에
인지첩부
생략

윤숙자 교수의
신바람나는 **퓨전떡** 100가지

2020년 1월 20일 초판 1쇄 발행
2023년 5월 30일 초판 3쇄 발행

엮은이 윤숙자
펴낸이 진욱상
펴낸곳 (주)백산출판사
교 정 편집부
본문디자인 오정은
표지디자인 오정은

등 록 2017년 5월 29일 제406-2017-000058호
주 소 경기도 파주시 회동길 370(백산빌딩 3층)
전 화 02-914-1621(代)
팩 스 031-955-9911
이메일 edit@ibaeksan.kr
홈페이지 www.ibaeksan.kr

ISBN 979-11-90323-53-6 13590
값 22,000원

● 파본은 구입하신 서점에서 교환해 드립니다.
● 저작권법에 의해 보호를 받는 저작물이므로 무단전재와 복제를 금합니다.
 이를 위반시 5년 이하의 징역 또는 5천만원 이하의 벌금에 처하거나 이를 병과할 수 있습니다.